Othmar Humm, Hrsg.

NiedrigEnergie- und PassivHäuser

Konzepte, Planung, Konstruktionen, Beispiele

mit Beiträgen von
Martin Kilchenmann,
Margrit de Lainsecq,
Felix Schmid und Othmar Humm

ökobuch

Staufen bei Freiburg

Der Herausgeber und die Autoren danken allen, die sie bei der Bearbeitung des Manuskriptes mit Informationen, Rat und Bildern unterstützt haben.

Alle Angaben in diesem Buch wurden nach bestem Wissen und Gewissen zusammengestellt. Für die praktische Umsetzung lassen sich daraus keine Haftungsansprüche gegenüber den Autoren oder dem Verlag ableiten.

Die Deutsche Bibliothek – CIP-Einheitsaufnahme

NiedrigEnergie- und PassivHäuser : Konzepte, Planung, Konstruktionen, Beispiele / Othmar Humm, Hrsg. Mit Beitr. von Martin Kilchenmann ... – Staufen bei Freiburg : ökobuch 1998
   ISBN 3-922964-71-0

ISBN 3-922964-71-0

1. Auflage 1998
© ökobuch Verlag, Staufen bei Freiburg 1998

Layout: USW, Uwe Stohrer, Freiburg
Druck: Druckhaus Beltz, Hemsbach

Inhaltsverzeichnis

Vorwort: Komfort als Bonus   5

Konzept, Planung, Standards und Konstruktionen   6

1   Mehr Komfort mit weniger Kilowattstunden   8
2   Zahlen und Vergleiche   10
3   Pioniere setzten ganz auf die Sonne   12
4   Unbewohntes Haus wies den Weg   14
5   Anforderungen in Hessen und das Passivhaus   16
6   "Öko-Bau" und "Minergie"   18
7   WSVO 95 und SIA 380/1   20
8   Berechnungsverfahren   22
9   Sieben Regeln für den Bau eines Niedrigenergiehauses   24
10   Energiekonzept von Anfang an einbeziehen   26
11   Die Reihenfolge der Massnahmen ist wichtig   28
12   Schwere und leichte Bauweise   30
13   Baustoffe und ihre Eignung für Niedrigenergiehäuser   32
14   Wärmedurchgangskoeffizient und Wärmeleitfähigkeit   34
15   Wärmeverluste wirksam reduzieren   36
16   Wärmebrücken bei der Befestigung   38
17   Aussenwände   40
18   Beispiele von Aussenwandkonstruktionen   42
19   Dach   44
20   Dämmstoffe im Umwelttest   46
21   Boden   48
22   Transparente Wärmedämmung   50
23   Fenster und Türen   52
24   Das schaltbare Fenster   54
25   Wärmebrücken   56
26   Wärmebrücken – Typische Beispiele   58
27   Luftdichtheit   60
28   Ist Ihr Haus ganz dicht?   62
29   Auf der Baustelle passieren viele Fehler   64

Solarenergie nutzen   67

30   Solarstrahlung – wie nutzen?   68
31   Lasst den Sonnenschein herein   70
32   Den Sommer verlängern   72

33 Solarstrahlung – wie speichern?   74
34 Allzu viel Sonnenenergie ist ungesund   76

Haustechnik: Wohnungslüftung, Heizung und Warmwasser   79

35 Niedrigenergiehäuser lüften   80
36 Kontrollierte Wohnungslüftung - Vor- und Nachteile   82
37 Komponenten einer Lüftungsanlage   84
38 Kosten und Kennzahlen   86
39 Kurze Heizperiode, geringe Heizleistung   88
40 Wärmeerzeugung: Vor- und Nachteile von Energieträgern   90
41 Wasser oder Luft als Wärmeträger?   92
42 Warmwasser: Unterschätzter Verbrauchsfaktor   94
43 Erneuerbare Energien bevorzugen   96

Elf Beispiele aus Deutschland und der Schweiz

44 Ein nachahmenswertes Objekt   100
45 Tradition und Innovation im Altmühltal   104
46 Lösung in Holz für wenig Geld   106
47 Die solare Häuserzeile   108
48 Hausprogramm für das 21. Jahrhundert   110
49 Das Passivhaus in Serie   112
50 Wohnhäuser mit Kappe aus Schwarz-Chrom   114
51 Latentspeicher im Berner Oberland   116
52 Renommier-Objekt einer neuen Bauweise   118
53 Ein denkmalgeschützter Bau wird zum Niedrigenergiehaus   120
54 Die wandelbare Living-Box   122

    Stichwortverzeichnis   124

Komfort als Bonus

Vorwort

Umweltschutz ist ein durchaus achtenswerter Grund, nach den Prinzipien der Niedrigenergiebauweise ein Haus zu realisieren. Es ist aber, mit Verlaub gesagt, keineswegs das einzige Motiv, für viele nicht einmal das wichtigste.

Denn ein Niedrigenergiehaus – Passivhäuser gehören auch dazu – ist in erster Linie ein Beitrag zu höherem Komfort und, zweitens, zur Werterhaltung. Wer heute konventionell baut, sitzt in 10 Jahren in einem „alten", d.h. von der Entwicklung überholten Haus. Derartige Objekte sind schwierig zu vermieten und auch im Eigengebrauch weniger wert. Insofern sind fortschrittliche Bauweisen, wie sie in diesem Buch dargestellt werden, ein Instrument der Nachhaltigkeit – auch für den privaten Investor.

Eine einfache Rechnung belegt den Sachverhalt: Im Vergleich zum üblichen Wohnhaus kostet ein Niedrigenergiehaus um 10 Prozent mehr. Um die Qualitätssteigerung in zehn oder in 20 Jahren „nachzuarbeiten", fallen Kosten an, die ein Mehrfaches des heutigen Aufwandes betragen. So lässt sich das eingesetzte Kapital verzinsen. Als Bonus gibt's den höheren Wohnkomfort.

Im September 1998   Othmar Humm

Konzept, Planung, Standards und Konstruktionen

1   Mehr Komfort mit weniger Kilowattstunden   8
    Vorteile des Niedrigenergiehauses

2   Zahlen und Vergleiche   10
    Was ist ein Niedrigenergiehaus?

3   Pioniere setzten ganz auf die Sonne   12
    Entwicklung zum Niedrigenergiehaus

4   Unbewohntes Haus wies den Weg   14
    Stationen der Niedrigenergiebauweise

5	Anforderungen in Hessen und an das Passivhaus Standards I	16
6	„Öko-Bau" und „Minergie" Standards II	18
7	WSVO 95 und SIA 380/1 Verordnungen und Empfehlungen I	20
8	Berechnungsverfahren Verordnungen und Empfehlungen II	22
9	Sieben Regeln für den Bau eines Niedrigenergiehauses Das Wichtigste in Kürze	24
10	Energiekonzept von Anfang an einbeziehen Planung I	26
11	Die Reihenfolge der Massnahmen ist wichtig Planung II	28
12	Schwere und leichte Bauweise	30
13	Baustoffe und ihre Eignung für Niedrigenergiehäuser	32
14	Wärmedurchgangskoeffizient und Wärmeleitfähigkeit	34
15	Wärmeverluste wirksam reduzieren	36
16	Wärmebrücken bei der Befestigung	38
17	Aussenwände	40
18	Beispiele von Aussenwandkonstruktionen	42
19	Dach	44
20	Dämmstoffe im Umwelttest	46
21	Boden	48
22	Transparente Wärmedämmung	50
23	Fenster und Türen	52
24	Das schaltbare Fenster	54
25	Wärmebrücken	56
26	Wärmebrücken – Typische Beispiele	58
27	Luftdichtheit	60
28	Ist Ihr Haus ganz dicht? Luftdichtheit II	62
29	20 Tips, wie man Fehler vermeidet Auf der Baustelle passieren viele Fehler	64

1 Mehr Komfort für weniger Kilowattstunden

Vorteile des Niedrigenergiehauses

Niedrigenergiehäuser sind im Neubau heute keine Seltenheit mehr. Sie brauchen fürs Heizen deutlich weniger Energie als konventionelle Neubauten. So helfen Sie, den Verbrauch fossiler Brennstoffe und damit die CO_2-Emissionen nachhaltig zu senken. Dies gilt insbesondere dann, wenn Neubauten Altbauten ersetzen. So leisten gerade Niedrigenergiehäuser einen wichtigen Beitrag zur Lösung des globalen Klimaproblems. Denn in Deutschland weisen die Gebäude mit 43% den bedeutendsten Anteil am Energieverbrauch und am CO_2-Ausstoss auf.

Gemessen an der heute möglichen Technik steckt in den bestehenden Gebäuden Deutschlands insgesamt ein CO_2-Minderungspotential von 70 bis 90%, und im Neubaubereich von 80 bis 90%. Wer ein Niedrigenergiehaus baut, macht sich an die Realisierung dieses Potentials und spart Energie – aber dieses Wort weist in eine falsche Richtung. Sparen tönt nach Verzicht und Einschränkung. Dabei ist beim Niedrigenergiehaus das Gegenteil der Fall! Die Massnahmen zur Senkung des Energieverbrauchs erhöhen gleichzeitig den Wohnkomfort: Bewohner eines Niedrigenergiehauses erfahren Licht, Luft und Wärme als elementare Lebensqualitäten; nach der Sonne ausgerichtet, sind die Räume von Licht durchflutet. Das Gebäude wird kontinuierlich mit unvermischter Frischluft versorgt, die auch im Winter nie zu trocken ist und überdies Schäden an Wänden oder Fenstern durch Schimmelpilz verhindert. Dass zum Lüften keine Fenster geöffnet werden müssen, ist an lärmigen Standorten ein entscheidender Vorteil. Tag und Nacht und von Raum zu Raum herrscht im Niedrigenergiehaus eine ausgeglichene Temperatur. Weil es innen keine kalten Wand- oder Fensteroberflächen gibt, die dem Körper Strahlungswärme entziehen, wird bereits bei einer relativ niedrigen Raumlufttemperatur thermische Behaglichkeit erreicht (siehe Grafik).

All das wird erreicht durch kluge Kombination von bewährten Bauprinzipien und einer Haustechnik, die seit Jahren bekannt und erprobt ist. In einer Zeit, da die Ansprüche an Neubauten rasch steigen und sich die Energie- und Umweltproblematik verschärft, wird der Entwicklungsstand von morgen bereits heute realisiert. Niedrige Energieverbrauchskosten bedeuten Zukunftssicherheit. Deshalb garantieren Niedrigenergiehäuser eine langfristige Werterhaltung.

Sieben Vorzüge eines Niedrigenergiehauses

- Langfristige Werterhaltung
- Weniger Bauschäden
- Behaglichkeit dank ausgeglichener Temperatur und
  Feuchtigkeit
- Bessere Qualität der Raumluft
- Mit bewährten Materialien und bekannten Bauprinzipien
  realisierbar
- Wirtschaftlich attraktiv, da minimale Heizkosten
- Umweltschutz: Schonung der Ressourcen, verringerter CO_2-Ausstoss

Den Energieverbrauch senken heisst gleichzeitig Wohnqualität und Werterhaltung steigern.

Der Einfluss von Oberflächen- und Raumtemperatur auf die thermische Behaglichkeit; zum Vergleich die Oberflächentemperaturen auf der Innenseite zweier Aussenwandkonstruktionen und eines doppelverglasten Fensters an einem kalten Wintertag. Eine genaue Definition des k-Wertes wird in Kapitel 14 gegeben.

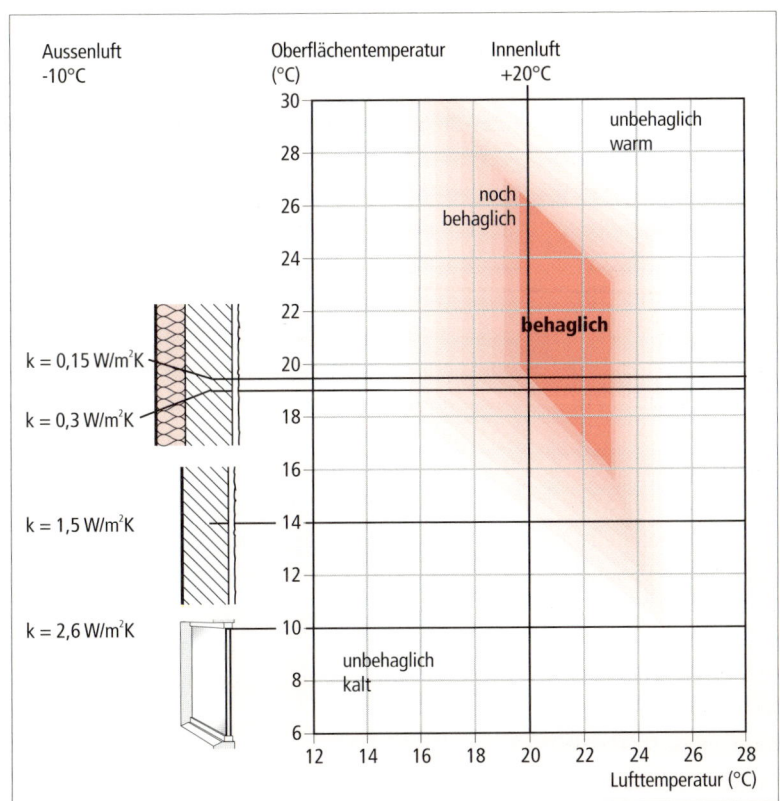

Was ist ein Niedrigenergiehaus ?

Der Begriff Niedrigenergiehaus ist bisher weder in Deutschland noch in der Schweiz eindeutig definiert oder geschützt. Die Gütegemeinschaft Niedrigenergie-Häuser e.V., Detmold, hat allerdings ein RAL-Gütesiegel für Niedrigenergiehäuser beantragt, so dass für die Zukunft erste Normierungen zu erwarten sind. Was immer man sich unter einem solchen Haus vorstellt: Zur Definition wird der zu erwartende Energieverbrauch für die Gebäudenutzung verwendet. Dazu vorerst einige Vergleichszahlen: 1979 brauchten die Häuser in Deutschland zum Heizen 260 kWh Energie pro m² beheizter Wohnfläche und Jahr. Bis 1995 reduzierte sich dieser Wert um 23% auf 200 kWh pro m² und Jahr. 10 kWh entsprechen dabei dem Brennwert von etwa einem Liter Heizöl. Diese Durchschnittszahlen verheimlichen allerdings zahllose Altbauten, die heute noch 400, einige sogar über 1000 kWh/(m²·a) verbrauchen (a steht für lateinisch anno = Jahr). Als Richtwerte für Neubauten gelten gemäss deutscher Wärmeschutzverordnung 1995 strenge 80 bis 100 kWh/(m²·a), also unter 50% von dem, was ein Durchschnittshaus im Bestand verbraucht. Diese Zahlen für den spezifischen Heizenergieverbrauch beruhen auf der Stufe Nutzenergie, welche die von den Geräten tatsächlich erbrachte Energiedienstleistung (z.B. Wärme) meint. Mit Endenergie wird die dem Haus zugeführte Energie bezeichnet.

Dass eine weitere Halbierung des Energiebedarfs möglich ist, beweisen die Niedrigenergiehäuser. Als solche gelten Gebäude, die nur noch 5 bis 70 kWh/m² Heizenergie im Jahr brauchen. Häuser, die mit noch weniger Energie auskommen, fallen in die Kategorie Fast-Nullenergiehäuser. Technisch machbar sind heute im Prinzip auch absolute Nullenergiehäuser. Diese sind aber teurer und werfen kritische Fragen nach dem Sinn der letzten eingesparten Kilowattstunden auf. Denn erstens sollen wegweisende Häuser erschwinglich sein. Nur so finden energiesparende Techniken eine breite, umweltwirksame Anwendung. Tatsächlich lassen sich heute Niedrigenergiehäuser mit nur unwesentlichen Mehrkosten gegenüber konventionellen Bauten realisieren. Und zweitens haben Niedrigenergiehäuser einer erweiterten, ökologischen Betrachtungsweise standzuhalten, die mehr umfasst als den Heizenergieverbrauch. So sollten Niedrigenergiehäuser auch die für die Herstellung der Baustoffe und den Bau benötigte, sogenannte graue Energie minimieren und sich durch Verwendung rezyklierbarer Materialien auszeichnen. In eine Gesamtenergiebilanz gehört schliesslich auch der mit dem Standort verbundene Faktor Mobilität. Da sieht es, wie die Grafik zeigt, bei einem Niedrigenergiehaus auf grüner Wiese unter Umständen problematisch aus: Wenn die Bewohner werktags mit dem Auto zum 20 km entfernten Arbeitsort fahren (hin und zurück), verbrauchen sie jährlich Benzin mit einem Energiegehalt, der etwa dem jährlichen Heizenergieverbrauch ihres Niedrigenergiehauses entspricht.

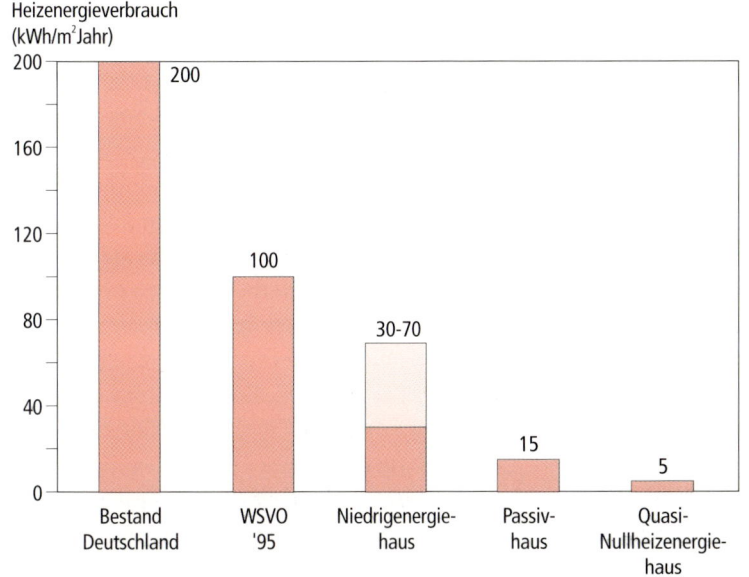

Heizenergieverbrauch
(kWh/m² Jahr)

Welches Haus braucht wieviel Energie? Klassifizierung nach dem jährlichen Heizenergieverbrauch. (Stufe Endenergie)

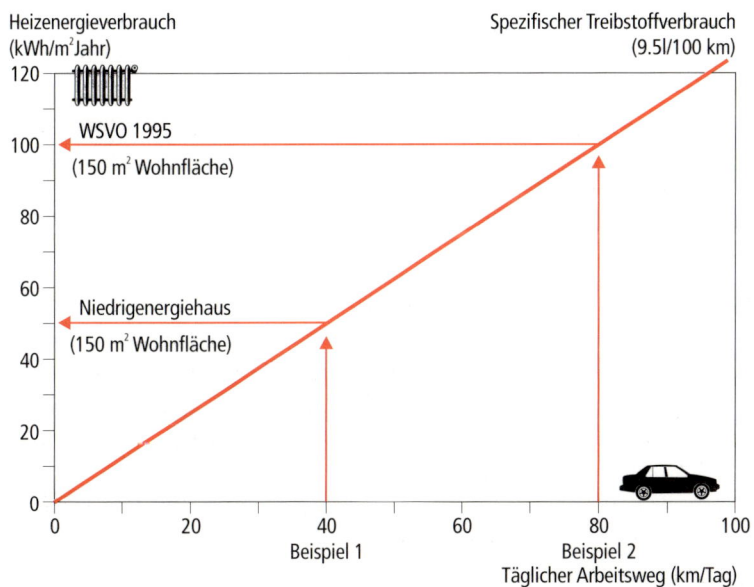

Heizenergieverbrauch
(kWh/m² Jahr)

Spezifischer Treibstoffverbrauch
(9.5l/100 km)

WSVO 1995
(150 m² Wohnfläche)

Niedrigenergiehaus
(150 m² Wohnfläche)

Beispiel 1

Beispiel 2

Täglicher Arbeitsweg (km/Tag)

Faktor Mobilität: ein Vergleich von Heizenergie- und Benzinverbrauch.
Ein täglicher Arbeitsweg von 40 km führt bei Benutzung des privaten PKW zu einem Treibstoffverbrauch, der dem Heizenergieverbrauch eines Niedrigenergiehauses entspricht.

Entwicklung zum Niedrigenergiehaus

Als Halbkugel ist das Iglu der Eskimos so kompakt wie nur möglich und bietet den lebenswichtigen Wärmeschutz. In den südlicheren Gefilden der Tropen kühlt Wind den Wohnraum. Mit einfachsten Mitteln so zu bauen, dass die Unterkunft möglichst ohne "Fremdenergie" vor der Witterung schützt, war in den traditionellen Kulturen überlebenswichtig. In diesem Sinn ist das Niedrigenergiehaus so alt wie die menschliche Behausung.

Zwar den Hochkulturen zuzurechnen, aber immerhin 2500 bis 3000 Jahre alt, sind die ersten Werke der Solararchitektur. Die antiken Griechen bauten Säulenhallen vor die Fassaden ihrer Villen. Diese gaben den Fenstern im Sommer Schatten und ermöglichten im Winter Strahlungsnutzung. Raumtiefe und die Anordnung des Gebäudes und seiner Fenster waren dazu genau richtig gewählt. "Das ideale Haus ist im Sommer kühl, im Winter warm", soll Sokrates gesagt haben. Das klingt lapidar, aber genau darum geht es bis heute.

Meilensteine in der Neuzeit bilden, stellvertretend für unzählige Innovationen, die Erfindung eines Luftkollektors 1838 und der Bau eines Einfamilienhauses mit 38 m^2 Sonnenkollektoren 1938. Unter der strahlenden Sonne fand dann auch der erste grosse Aufbruch statt: In den siebziger Jahren erlebte Amerika geradezu einen Boom von Solarhäusern. An einigen hundert neuartigen Bauten entfaltete sich die sprühende Kreativität der Pioniere. Die einen bauten ihr Heim um eine solare Wärmespeicherwand, andere wohnten in einem Treibhaus oder hinter grossen Kollektoranlagen. Voller Enthusiasmus setzten Wissenschaftler und Architekten auf den passiven Sonnenenergiegewinn. Dabei schossen sie mitunter auch übers Ziel hinaus (Überhitzung). Vor allem aber vernachlässigten sie die Probleme des Wärmeverlustes beziehungsweise der Dämmung. Diese solare Einseitigkeit prägt die erste Generation der Niedrigenergiehäuser.

Ein klassisches Beispiel aus dieser Pionierzeit in den USA bietet eine Skihütte in Windham. Mit 40 m^2 Luftkollektor- und Fensterfläche plus beweglichen Reflektoren wendet sich der ganze Bau mit 100 m^2 Wohnfläche der Sonne zu. Durch Luftzirkulation wird der Energiegewinn einem Steinspeicher zugeführt: der mit Geröll gefüllten Rückwand des Hauses. So deckt die Sonne rund 70% des Energiebedarfs in diesem allerdings meist nur am Wochenende bewohnten Gebäude.

Durch die kompakteste aller Formen bietet das Iglu maximalen Wärmeschutz. In einem archaischen Haus der Tropen kühlt der Wind den Wohnraum.

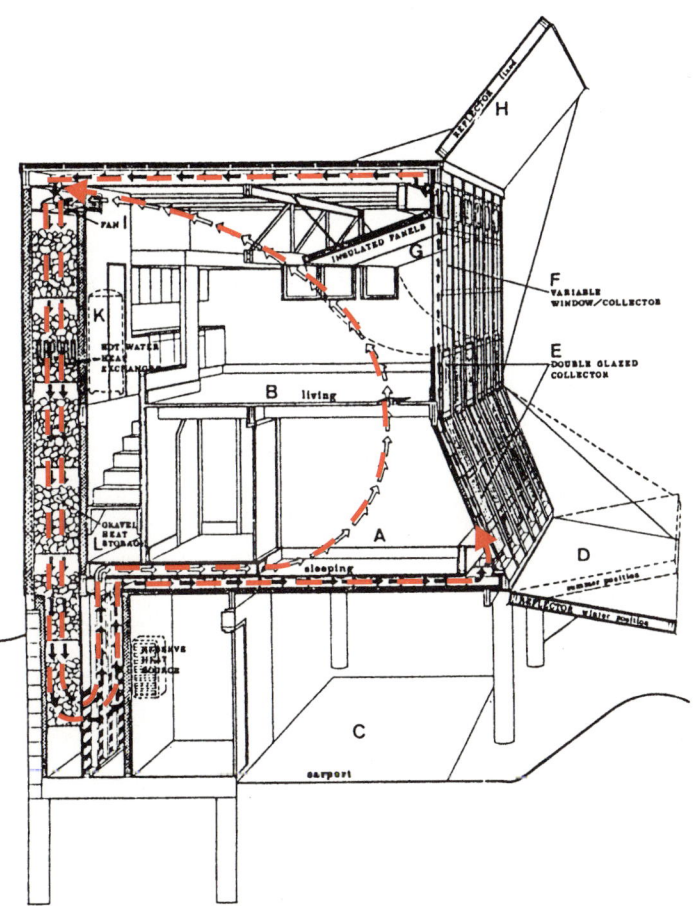

Schema der Skihütte in Windham; die Pfeile illustrieren die Luftströmung.

Stationen der Niedrigenergiebauweise

Während in den siebziger Jahren die Amerikaner den Takt beim Bau von Sonnenhäusern angaben, kamen ebenso wichtige Anstösse fürs Niedrigenergiehaus aus dem Norden: Schweden setzte neue Massstäbe beim Wärmeschutz. Die schwedische Baunorm SBN 75 verlangte schon vor 25 Jahren sehr gute Dämmwerte für die Aussenhülle eines Hauses. Konkret: Wände und Dach mussten einen k-Wert von 0,3 W/(m²·K) erreichen, was einer Schicht von 12 cm Dämmstoff entspricht.

Die Niedrigenergiehäuser der zweiten Generation kombinierten Sonnennutzung und Wärmeschutz mit weiteren wichtigen Massnahmen. Als eines der ersten dieser Generation wies das 1974 gebaute Philips-Haus den Weg, auf dem sich dann das moderne Niedrigenergiehaus entwickelte. Denn das Einfamilienhaus in Aachen enthält bereits alle wesentlichen Komponenten: Wärmedämmung und Luftdichtheit sind hoch, das Haus verfügt über eine mechanische Lüftung, nutzt die Abwärme und deckt einen Teil des Restwärmebedarfs mit Solarenergie. Als Spezialität verfügt das Haus ausserdem über eine 62 m² grosse Porwand, die dem Zuluftkanal der Lüftung vorgelagert ist und energetisch als Luft-Erde-Wärmetauscher funktioniert. Die Konzeption des Philips-Hauses überzeugt, bloss: gewohnt wurde in diesem Experimentierobjekt nicht. Lieber simulierten die damaligen Forscher das energetische Verhalten einer Durchschnittsfamilie, als dass sie sich auf die Unberechenbarkeiten des tatsächlichen Lebens einliessen.

An Heizenergie braucht das 116 m² Wohnfläche umfassende Philips-Haus 3200 kWh Strom für den Antrieb einer Wärmepumpe. 20 m² Vakuum-Röhrenkollektoren auf dem Dach liefern Wärme für Boiler und Heizung. Mit dem Bruttoenergieeintrag von insgesamt gut 20.000 kWh könnte heute allerdings ein zehnmal grösseres Haus beheizt und mit Warmwasser versorgt werden! Und ersetzte man die seinerzeit eingesetzte Technologie durch heute handelsübliche Komponenten, liesse sich achtmal mehr Energie gewinnen, als damals für die Beheizung des Hauses benötigt wurde. Das Experimentierhaus aus den siebziger Jahren ist also auch insofern interessant, als es aufzeigt, wie rasant sich die rationelle Energienutzung in den letzten 25 Jahren entwickelt hat.

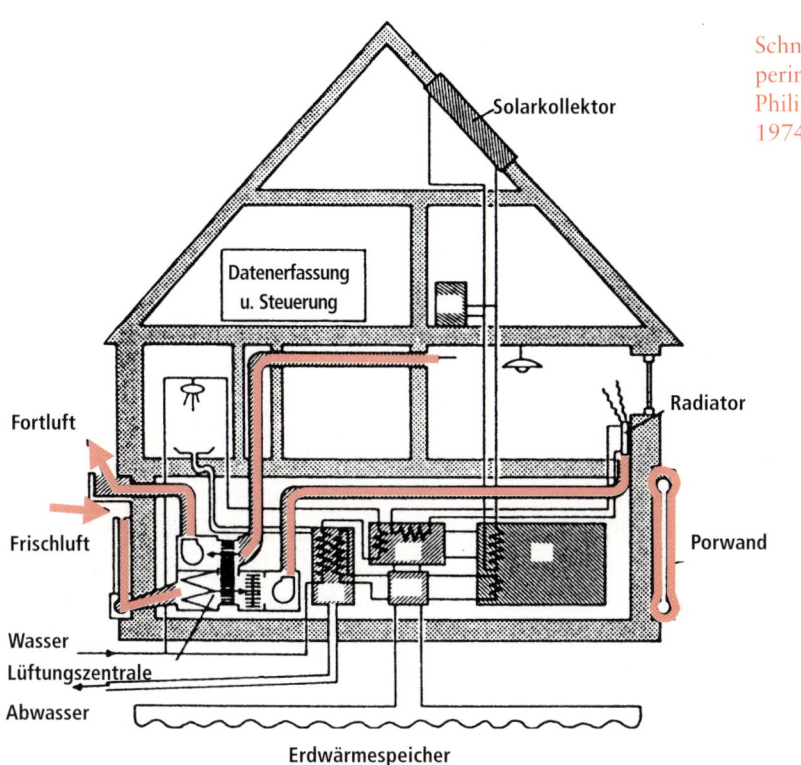

Solarkollektor

Schnitt durch das Experimentierhaus von Philips mit Baujahr 1974.

Datenerfassung u. Steuerung

Radiator

Fortluft

Frischluft

Porwand

Wasser

Lüftungszentrale

Abwasser

Erdwärmespeicher

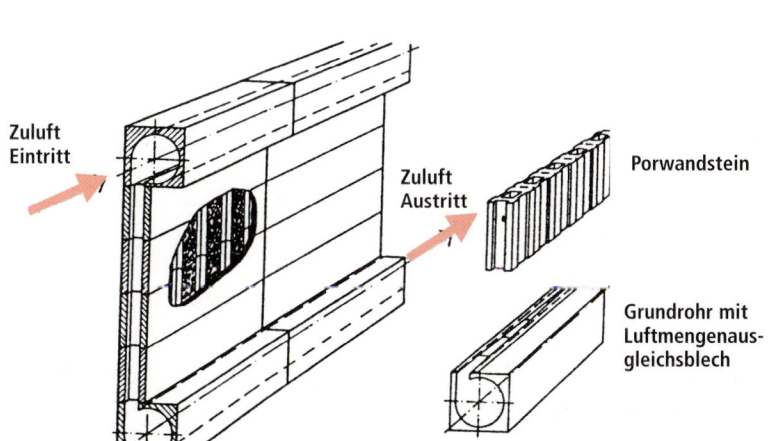

Zuluft Eintritt

Zuluft Austritt

Porwandstein

Schema der dem Frischluftkanal vorgelagerten Porwand, die als Niedrigtemperaturspeicher Tag- und Nachtschwankungen ausgleicht.

Grundrohr mit Luftmengenausgleichsblech

Standards I

Neben gesetzlich festgelegten Grenzwerten für die energetische Qualität eines Gebäudes gibt es auch spezielle Standards für die Anforderungen an ein Niedrigenergiehaus. Nach §9 des deutschen Eigenheimzulagengesetzes muss ein Niedrigenergiehaus die Grenzwerte der Wärmeschutzverordnung WSVO 95 um 25% unterschreiten. Dies bedeutet für ein kompaktes Einfamilienhaus einen Wert zwischen 40 und 75 kWh/(m²·a) – je nach Verhältnis von Umfassungsfläche zu Bauwerksvolumen. Daneben hat das Bundesland Hessen einen eigenen Standardwert für Niedrigenergiehäuser definiert. Dieser ist nach Einfamilien-, Reihen- und Mehrfamilienhaus differenziert und liegt zwischen 55 und 70 kWh/(m²·a). Bei beiden Standards bezieht sich diese Heizenergie-Kennzahl auf die beheizte Wohnfläche, Stufe Nutzenergie. Die beiden Rechenverfahren unterscheiden sich jedoch betreffend Luftwechselrate, solaren Gewinnen und anderen Faktoren beträchtlich. So liefert die Berechnung nach WSVO für das gleiche Gebäude bis zu 40% niedrigere Kennzahlen als das differenziertere hessische Verfahren! In Hessen ist der Niedrigenergiehaus-Standard Zielgrösse in einem umfassenden Impulsprogramm, mit dem das Bundesland die rationelle Energienutzung als Schlüsseltechnologie fördert und sich dabei zugleich für Umwelt, Arbeit und Ausbildung engagiert.

Einen neuen Standard für eine fortgeschrittene Variante des Niedrigenergiehauses setzt das Passivhaus. Durch eine Wärmedämmung von 30 bis 40 cm, die strikte Vermeidung von Wärmebrücken, Dreischeiben-Wärmeschutzverglasung, maximale passive Solargewinne über grosse Südfenster und eine hocheffiziente Lüftungsanlage mit Wärmerückgewinnung erreicht hier der spezifische Heizwärmebedarf die "magische" Grenze von 15 kWh/(m²·a). An dieser Grenze kippen die Investitionskosten, weil die Heizung überflüssig wird: Das Haus wird passiv, es kann also ohne *aktive* Heizanlage und ohne teure Heizspeicher auf Temperatur gehalten werden. Eine leichte Erwärmung der Zuluft über die ohnehin eingebaute Lüftungsanlage genügt selbst im tiefsten Winter. Einige Glühlampen hätten den gleichen Effekt, nur sind in einem konsequent eingerichteten Passivhaus keine solchen "Stromfresser" zu finden. Um den Passivhaus-Standard zu erreichen, ist eine sehr sorgfältige Abstimmung der energiesparenden Massnahmen unabdingbar; ein Passivhaus ist vom ersten Strich weg als solches zu erkennen und bedingt eine integrale Planung. Durch Vorfertigung vor allem der hochgedämmten Bauelemente und serielle Produktion werden heute bereits sehr günstige Passivhäuser realisiert.

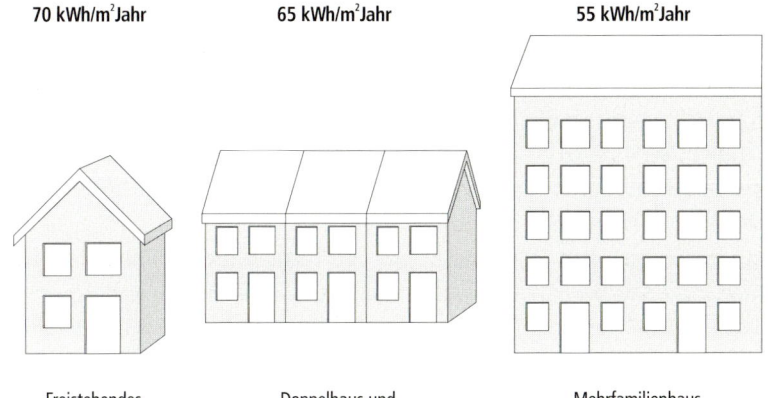

70 kWh/m²Jahr   65 kWh/m²Jahr   55 kWh/m²Jahr

Freistehendes
Einfamilienhaus

Doppelhaus und
Reiheneinfamilienhaus

Mehrfamilienhaus

Heizwärmebedarf
(Stufe Nutzenergie) für
Niedrigenergiehäuser
gemäss Hessen-Standard.

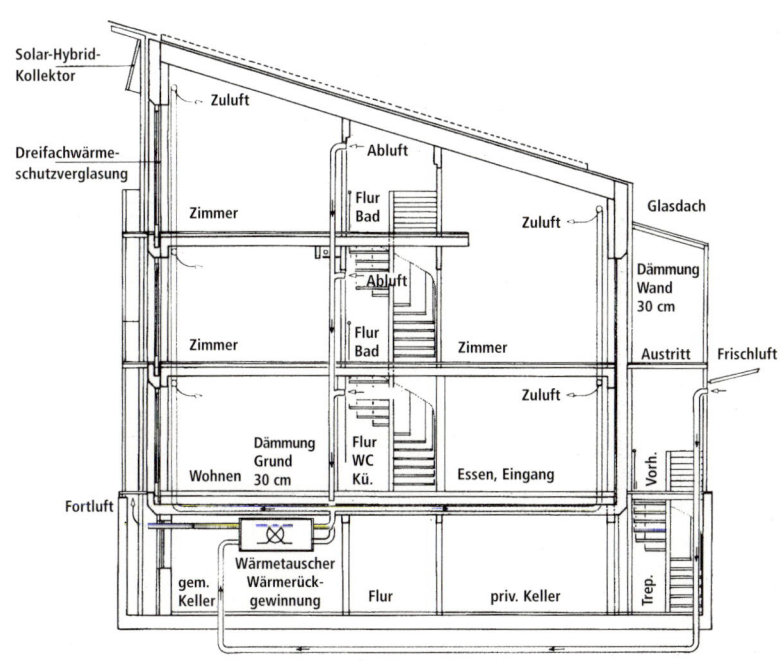

Solar-Hybrid-Kollektor

Dreifachwärme-schutzverglasung

Zuluft

Abluft

Zimmer

Flur
Bad

Zuluft

Glasdach

Abluft

Dämmung
Wand
30 cm

Zimmer

Flur
Bad

Zimmer

Austritt Frischluft

Zuluft

Dämmung
Grund
30 cm

Wohnen

Flur
WC
Kü.

Essen, Eingang

Vorh.

Fortluft

Wärmetauscher
Wärmerück-gewinnung

gem.
Keller

Flur

priv. Keller

Trep.

Schema eines Passiv-hauses, das wegen
seines extrem niedrigen
Energiebedarfs ohne
Heizsystem auskommt.

Standards II

In der Schweiz unterstützt der Bund ökologische und energiesparende Bau- und Betriebsweisen von Gebäuden im Rahmen des Aktionsprogramms "Energie 2000". Maßstab für Niedrigenergiehäuser ist dabei der Standard "E2000 Öko-Bau". Dieser enthält neben Grenzwerten eine ganze Reihe von Kriterien zu Energie, Ökologie und Ökonomie und wird damit auch einer ganzheitlichen Betrachtungsweise gerecht. Der Energieverbrauch für Heizung und Warmwasser darf bei Neubauten höchstens 60 kWh/(m^2·a) bzw. 220 MJ/(m^2·a), bei Sanierungen und Umbauten maximal 110 kWh/(m^2·a) bzw. 400 MJ/(m^2·a) betragen. Verbesserte Wärmedämmung, eine luftdichte Gebäudehülle sowie ein effizientes Lüftungskonzept führen zu diesen Zielen, wobei zur Deckung des Restbedarfs erneuerbare Energien zu nutzen sind. Es sollen gesundheits- und umweltfreundliche Materialien verwendet und rückbaubare Konstruktionen realisiert werden. Weiter schreiben die Richtlinien energieeffiziente Haushaltsgeräte, einen sorgfältigen Umgang mit Wasser (weniger als 120 Liter pro Person und Tag) und gute Erreichbarkeit öffentlicher Verkehrsmittel vor. Ausserdem sollten bei üblichem Ausbaustand im Vergleich zu konventionellen Bauten keine Mehrkosten entstehen.

Neben diesem umfassenden Ansatz haben die Energiefachstellen der Kantone Zürich und Bern im Sommer 1997 einen neuen (freiwilligen) Standard namens "Minergie" angeregt, der heute in der ganzen Schweiz angewendet wird. Die darin festgelegten Werte – 45 kWh/(m^2·a) bzw. 160 MJ/(m^2·a) für Neubauten, 90 kWh/(m^2·a) bzw. 320 MJ/(m^2·a) für Sanierungen – sind streng und gelten für den Endenergie-Verbrauch für Raumheizung und Wassererwärmung. Ausserdem soll der Verbrauch an Haushaltselektrizität 17 kWh/(m^2·a) bzw. 60 MJ/(m^2·a) nicht übersteigen. Ansonsten werden zugunsten einer möglichst breiten Wirkung aber deutlich weniger Vorschriften gemacht als bei E2000. Unter dem Label Minergie, das inzwischen von allen Kantonen unterstützt wird, sollen sich Niedrigenergiehäuser beziehungsweise fortschrittliche Sanierungsweisen auf dem Markt durchsetzen und der Baubranche wertvolle Impulse vermitteln. Gab es bisher viele gute, aber jeweils einzelne Beispiele, können sich nun die Anstrengungen effizienter Energienutzung auf eine nationale Qualitätsmarke konzentrieren. Als Marketing-Konzept aufgebaut, streicht Minergie den höheren Komfort und die langfristige Werterhaltung von Niedrigenergiehäusern heraus und gewichtet das Energiesparen als umweltgerechten Nebeneffekt. Achtung: Beide Standards beziehen sich auf die Stufe Endenergie.

Standard	Neubau		Altbausanierung	
Öko-Bau	60 kWh/(m²·a)	220 MJ/(m²·a)	110 kWh/(m²·a)	400 MJ/(m²·a)
Minergie	45 kWh/(m²·a)	160 MJ/(m²·a)	90 kWh/(m²·a)	320 MJ/(m²·a)

Grenzwerte der schweizerischen Standards *E2000-Öko-Bau* und *Minergie*.

Aktuelle Standards

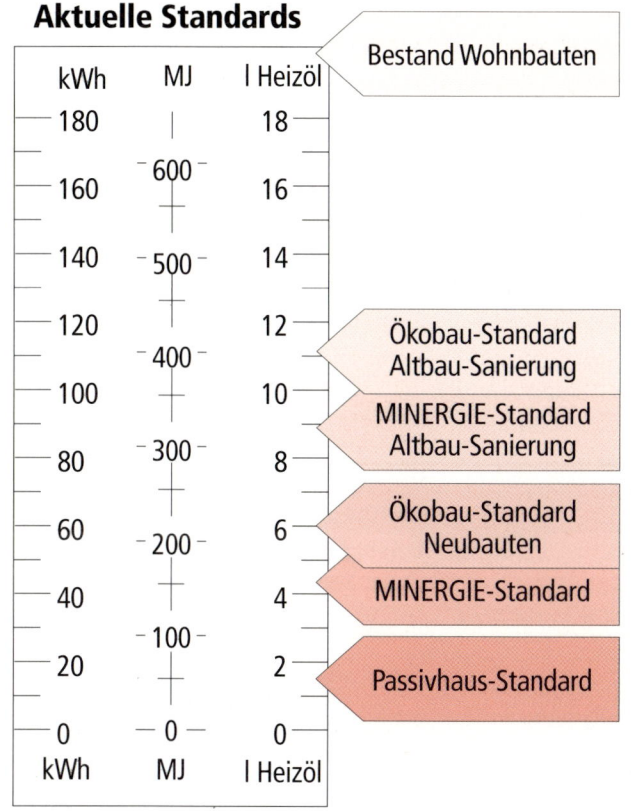

Energieverbrauch für Heizung und Warmwasser je m² Energiebezugsfläche in sanierten Wohngebäuden (Endenergie).

Verordnungen und Empfehlungen I

In Deutschland und der Schweiz gibt es eine Reihe von staatlichen Verordnungen und Empfehlungen von Fachverbänden, welche die Anforderungen an den Wärmeschutz und an den Energieverbrauch von Gebäuden thematisieren. Darin werden auch Verfahren beschrieben, wie sich der voraussichtliche Energiebedarf berechnen lässt.

Die Wärmeschutzverordnung (WSVO) enthält die gesetzlichen Anforderungen an den Mindestwärmeschutz von Neu- und Altbauten (bei Sanierungen) in Deutschland. Gegenüber den Bestimmungen von 1982 brachte die WSVO 95 eine deutliche Verschärfung: Die zulässigen Werte des Heizwärmebedarfs liegen um rund 30% niedriger.

Um die notwendigen Wärmeschutzmassnahmen eines Gebäudes zu ermitteln, lässt die WSVO mehrere Verfahren zu. Zwei davon sind für neuere Wohnbauten von besonderem Interesse: Das Wärmebilanzverfahren und das Einzelteilverfahren. Das entspricht der schweizerischen SIA-Empfehlung 380/1, wo von "Systemanforderungen" und "Einzelanforderungen" die Rede ist.

- Beim Bilanzverfahren bildet das Verhältnis von wärmeübertragender Umfassungsfläche (A) zum eingeschlossenen Gebäudevolumen (V) einen wichtigen Parameter. Kleine und verwinkelte Gebäude haben ein grosses A/V-Verhältnis, grosse und kompakte dagegen ein relativ kleines. Bei gleichem Bau- und Dämmstandard nimmt der Heizenergiebedarf proportional zum A/V-Verhältnis zu. Die Grafik nebenan zeigt den maximal zulässigen Heizwärmebedarf in Abhängigkeit von diesem Umfassungsflächen-Volumen-Verhältnis.

- Bei kleinen Wohnhäusern darf gemäss WSVO das einfache Bauteilverfahren angewandt werden. Dabei sind bei Wänden, Decken und Fenstern lediglich die höchstzulässigen k-Werte einzuhalten, welche den verlangten Wärmedämmstandard definieren. Kaum verständlich ist der viel zu kleine Unterschied der verlangten k-Werte zwischen Aussenwänden und Wänden gegen unbeheizte Räume. Tatsächlich sind Aussenwände während der Heizperiode etwa der doppelten Temperaturdifferenz ausgesetzt wie Wände gegen unbeheizte Räume.

Neben dem heute verbindlichen Grenzwert definiert §9 Eigenheimzulagengesetz in Verbindung mit der WSVO auch einen Niedrigenergie-Standard. Bei einem A/V-Verhältnis von 0,7 (kompaktes Einfamilienhaus) gelten dabei Werte für den Heizwärmebedarf in der Grössenordnung von 50 kWh/m^2 und Jahr.

		Alle 8 Würfel in einem grösseren Würfel vereinigt	Die 8 Würfel in einer Reihe aneinander	Die 8 Würfel einzeln
Gebäude klein	A in m^2	600	850	1200
V = 1000 m^3	A/V in m^3	0,6	0,85	1,2
Gebäude gross	A in m^2	2785	3945	5570
V = 10.000 m^3	A/V in m^3	0,28	0,39	0,56

Einfluss von Grösse und Proportion eines Hauses auf das Verhältnis von Aussenfläche zu Volumen (A/V).

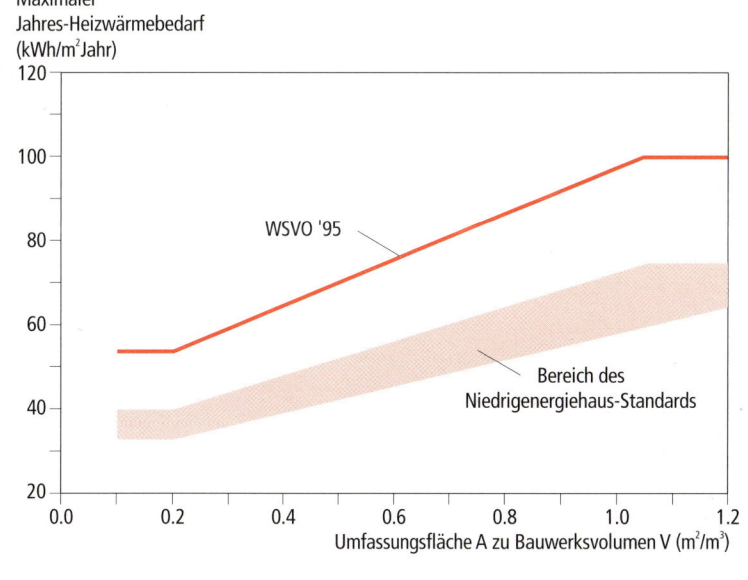

Maximaler Jahres-Heizwärmebedarf (kWh/m^{2}Jahr)

WSVO '95

Bereich des Niedrigenergiehaus-Standards

Umfassungsfläche A zu Bauwerksvolumen V (m^2/m^3)

Maximaler Heizwärmebedarf der WSVO 95 und des Niedrigenergie-Standards.

In der Schweiz hat der SIA (Schweizerischer Ingenieur- und Architekten-Verein) energetische Anforderungen an Gebäude definiert, welche von den Behörden weitgehend übernommen wurden. Für den Heizenergiebedarf gibt es zwingend zu erfüllende Grenzwerte und anzustrebende Zielwerte mit etwas höheren Anforderungen. Wer deutsche und schweizerische Zahlen vergleichen will, muss aufpassen: Während sich in der deutschen WSVO der Energiebedarf auf die Netto-Nutzfläche bezieht, sind die SIA-Werte auf die Bruttofläche inklusive Umfassungswände ausgelegt und dementsprechend um etwa 15% niedriger (d.h. scheinbar strenger). Umgekehrt bedeutet eine spezifische Energieverbrauchsangabe in Deutschland – bei gleichem Zahlenwert – ein besseres Haus als in der Schweiz.

Berechnungsverfahren
Wieviel Heizenergie ein Gebäude braucht, hängt von seinen Wärmeverlusten ab. Das heisst: Um eine gewünschte Raumtemperatur aufrecht zu halten, müssen die Verluste durch entsprechende Wärmezufuhr gedeckt werden. Ein Haus verliert seine Wärme hauptsächlich über seine Umschliessungsflächen (Transmissionswärmeverluste) und durch das Lüften der Räume (Lüftungswärmeverluste). Diesen Verlusten gegenüber stehen die Wärmeproduktion der Bewohner selbst, die Abwärme von Beleuchtung und Geräten sowie die solaren Strahlungsgewinne durch die Fenster; den ganzen Rest bis zum Ausgleich der Wärmeverluste muss die Heizung abdecken. Bei einem Bauprojekt gilt es, die Wärmeverluste der verschiedenen Gebäudeteile und den daraus resultierenden Endenergiebedarf im voraus zu berechnen. So können die Massnahmen zur Wärmedämmung und zur Energieeinsparung bereits in der Planungsphase optimiert werden.

Für ein solches Berechnungsverfahren gibt es Anleitungen. In Deutschland ist es die DIN 4701 zur Berechnung des Wärmebedarfs von Gebäuden, und in der Schweiz sind es entsprechende Normen und Empfehlungen des SIA, wobei die Empfehlung SIA 380/1 von 1988 die wichtigste schweizerische Grundlage zum Thema Energie im umbauten Raum liefert. Diese Berechnungen erfordern neben etwas Zeit bloss einen Taschenrechner und führen im allgemeinen zu befriedigenden Resultaten, was die Übereinstimmung mit Daten aus der Praxis betrifft. Bei der Berechnung von Niedrigenergiehäusern stossen diese Verfahren wegen ihrer Vereinfachungen jedoch an Grenzen. Sie liefern aber immerhin eine Grundlage für qualitative Aussagen und Vergleiche. Bei der Planung von Niedrigenergiehäusern sind realitätsnähere Ergebnisse gefragt, welche das örtliche Klima, die Sonneneinstrahlung und passive Energiegewinne berücksichtigen. Für derart komplizierte Berechnungen werden in der Regel Computerprogramme verwendet.

Beispiele	Grenzwert	Zielwert
Einfamilienhäuser, Zweifamilienhäuser	92 kWh/(m²·a)	78 kWh/(m²·a)
Mehrfamilienhäuser, Altenwohnanlagen, Hotels, Herbergen, Heime	83 kWh/(m²·a)	70 kWh/(m²·a)
Verwaltungsbauten, Schulen, Bibliotheken, Betriebsgebäude, einfache Läden, Museen	75 kWh/(m²·a)	61 kWh/(m²·a)

SIA-Werte für den Heizenergiebedarf (Stufe Nutzenergie) von Gebäuden auf 500 m ü.M.

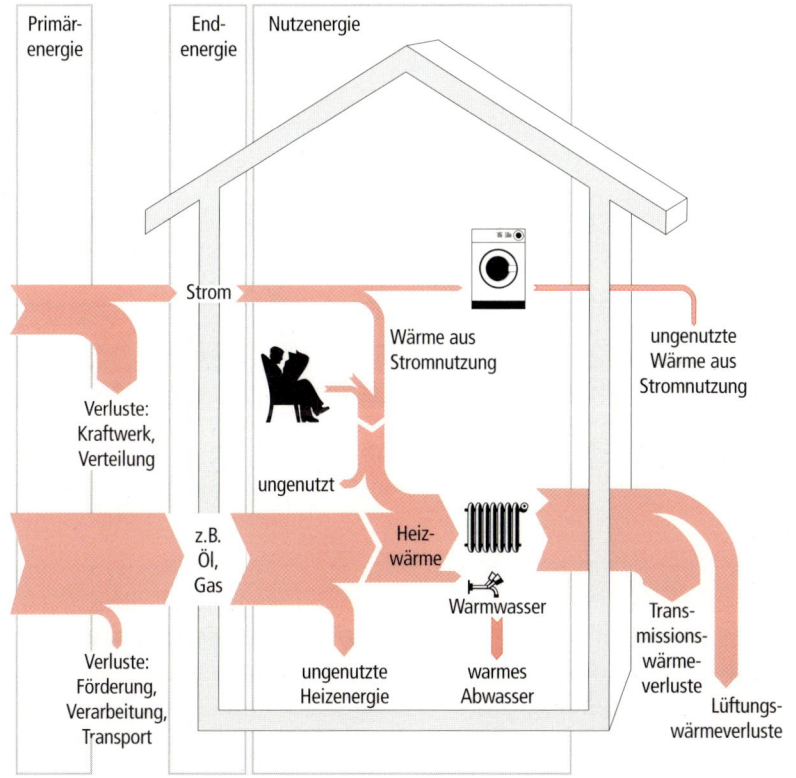

Energieeintrag, -nutzung und -verluste: Energieflüsse in einem Wohnhaus.

Sieben Regeln für den Bau eines Niedrigenergiehauses

Das Wichtigste in Kürze

Worauf kommt es bei der Planung eines Niedrigenergiehauses an? Die nachfolgenden sieben Regeln sollen als Überblick und Gedankenstütze dienen.

1. Gehen Sie nach einem Konzept vor.

Form, Lage sowie Grundriss und Raumaufteilung des Hauses haben grossen Einfluss auf den Energieverbrauch. Streben Sie hier möglichst klare, einfache Lösungen an. Wenn Sie kein Erfindertyp sind, stellen Sie sich das Haus aus kostengünstig verfügbaren Teilen intelligent zusammen.

2. Realisieren Sie einen hohen Dämmstandard...

Die Wärmedämmung eines Niedrigenergiehauses misst mindestens 20 cm. Je nach Konstruktion misst das ganze Aussenbauteil in der Bautiefe zwischen 25 und 60 cm.

...und vermeiden Sie Wärmebrücken.

Wo die gedämmte Gebäudehülle von Bauteilen durchbrochen wird, stellt sich das Problem von Wärmebrücken, über welche die Wärme aus dem Innern abfliesst. Über vermeidbare Wärmebrücken verlieren viele Häuser mehr Wärme als über den gesamten ungestörten Wandbereich. Besondere Beachtung erfordern Übergänge und Anschlüsse:

- zwischen Fenstern und Wand, Dach sowie anderen Fenstern,
- zwischen Tür und Wand,
- zwischen Wand und Dach,
- zwischen Rolladen und Wand,
- von Schächten und Kaminen an Wand und Dach,
- von Schwellen, Fensterbänken, Fensterstürzen an Boden und Wand,
- von Befestigungsankern, wie z.B. für Balkone.

3. Nutzen Sie den solaren Strahlungsgewinn.

Planen Sie sonnenseitig grosse Fenster, sofern deren Energiebilanz positiv ausfällt. Um die Strahlung aufzunehmen, sind ausreichende Speicherkapazitäten nötig. Das heisst, Innenwände und Böden werden vorzugsweise in schwerer Bauweise ausgeführt. Planen Sie ständige Aufenthaltsräume wie Wohn- und Kinderzimmer möglichst auf der Sonnenseite.

4. Bauen Sie luftdicht...

Kein Haus ohne Konvektionsschutz! Die Bewohner atmen, nicht die Wände und das Dach. Achten Sie konsequent auf Luftdichtheit und kontrollieren Sie die Ausführung gerade auch an heiklen Stellen.

... und installieren Sie eine mechanische Lüftung.

Damit steigern Sie die Wohnqualität und reduzieren den Energieverbrauch, da die Abwärme zurückgewonnen werden kann (Wärmetauscher). Die Lüftungsanlage muss sorgfältig dimensioniert sein, unangenehmen Lärm gilt es durch Schalldämpfung zu vermeiden.

5. Decken Sie den Restwärmebedarf mit erneuerbaren Energieträgern.

Sonnenenergie, Holz und Umweltwärme eignen sich hervorragend für Niedrigenergiehäuser, weil bei geringem Energiebedarf kleine Anlagen (Wärmepumpen, Kollektoren) ausreichen beziehungsweise man mit wenig Brennstoff (Holz) auskommt.

6. Speichern und verteilen Sie die Wärme auf niedrigem Temperaturniveau, ...

Je niedriger die Temperaturen der Heizmedien, desto geringer die Verluste; das gilt sowohl für die Erzeugung wie die Verteilung der Wärme.

... installieren Sie den Wärmespeicher im beheizten Hausbereich ...

Jeder Speicher verliert Wärme; in einem Niedrigenergiehaus muss sie genutzt werden.

... und verlangen Sie kurze Leitungen.

In manchen Niedrigenergiehäusern heizen die Vor- und Rücklaufleitungen durch ihre grosse Oberfläche mehr als die versorgten Radiatoren. Das kann zu Schwierigkeiten bei der Regelung der Heizung führen und bringt unnötige Energieverluste.

7. Setzen Sie im Haushalt energiesparende Geräte ein.

Der Einsatz von stromsparenden Geräten reduziert Emissionen und Umweltbelastungen am Kraftwerksstandort.

Planung I

Ein Niedrigenergiehaus planen heisst, verschiedene Massnahmen intelligent zu verknüpfen. Sie sollen den Wärmeverlust minimieren, die Passivgewinne (Sonne, Abluft) maximieren und den Restbedarf an Heizenergie decken, wenn möglich mit erneuerbaren Energien. Dazu braucht es im voraus ein Konzept. Sonst wird das Haus leicht zu einem Sammelsurium von technischen Komponenten und Materialien ohne logischen Zusammenhang. Auch darf nicht eine einzelne Technologie überbetont werden. Zu oft gibt es Bauten mit überdimensionierten Solaranlagen und Speichern, die weder energetisch noch ökonomisch Sinn machen. Jeder Energiebeitrag muss genau in das Energiekonzept des ganzen Gebäudes eingebunden sein. Dabei ist das Prinzip "wer plant, liefert nicht" zu beachten, sonst schlägt das Interesse der Lieferfirma durch, ihren Teil möglichst grosszügig auszuführen.

Beim klassischen Ablauf eines Hausbaus macht der Architekt einen Entwurf und daran anschliessend eine Grob- und eine Detailplanung. Anhand derer schreibt er dann die Gewerke aus und erteilt schliesslich die Aufträge. So sind Fachplaner und Handwerker nachgeordnet und führen nur noch die Vorgaben des Architekten aus. Diesem Ablauf stehen die Prinzipien der *integrierten Planung* gegenüber, die für den Bau von Niedrigenergiehäusern besonders wertvoll sind. Dabei bezieht der Architekt oder Bauherr die beteiligten Fachpartner von Anfang an in die Planung ein und berücksichtigt deren Anregungen und Anforderungen. Gemeinsam werden gute Lösungen gesucht, bei denen zugleich technische, gestalterische und ökonomische Aspekte einfliessen.

Oft wird beispielsweise der Rohbau ohne Rücksicht auf die für ein Niedrigenergiehaus wichtige Lüftungsanlage geplant. Bei integrierter Planung hingegen erläutert der Lüftungstechniker von Anfang an die geplante Kanal- und Luftführung, so dass die Installation später einfacher und kostengünstiger ausfallen kann. Auch eine hohe Luftdichtheit lässt sich nur dann gut und preiswert realisieren, wenn die Problempunkte – meist Details bei Anschlüssen und Durchdringungen der luftdichten Schichten – im voraus durchdacht werden.

Beim Niedrigenergiehaus sollen Spezialisten für Bauphysik, Licht, Heizungs- und Klimatechnik sowie Elektrotechnik bereits in die Grobplanung einbezogen werden. Denn dann kann ein Energiekonzept aufgestellt werden, welches das ganze Gebäude und die Gebäudetechnik umfasst. Grundsätzlich gilt: Je früher der Energiebedarf in der Planung berücksichtigt wird, das heisst, je weniger bereits festgelegt ist, desto höher ist das erschliessbare Energiesparpotential.

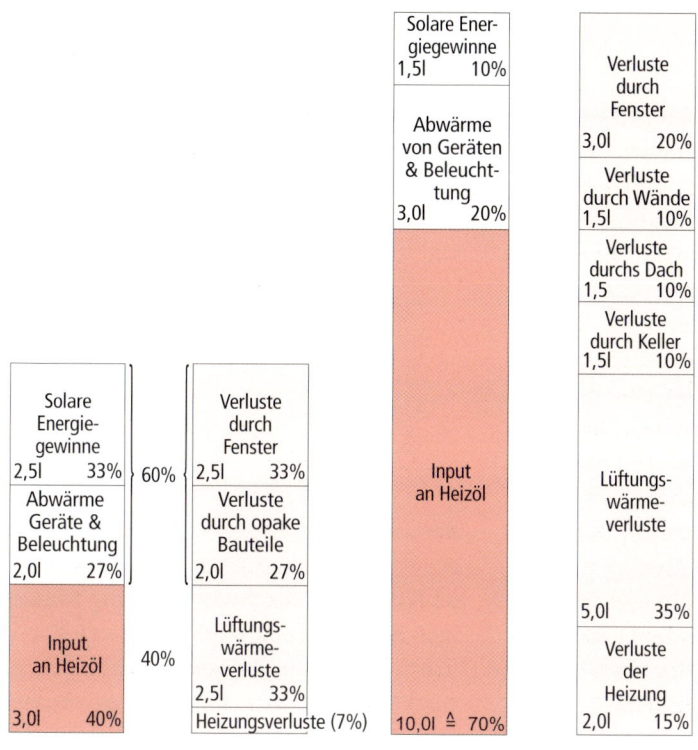

3-Liter-Haus

Solare Energiegewinne 2,5l 33%
Abwärme Geräte & Beleuchtung 2,0l 27%
} 60%
Input an Heizöl 3,0l 40%
40%

Verluste durch Fenster 2,5l 33%
Verluste durch opake Bauteile 2,0l 27%
Lüftungswärmeverluste 2,5l 33%
Heizungsverluste (7%)

Konventionelles Haus

Solare Energiegewinne 1,5l 10%
Abwärme von Geräten & Beleuchtung 3,0l 20%
Input an Heizöl 10,0l ≙ 70%

Verluste durch Fenster 3,0l 20%
Verluste durch Wände 1,5l 10%
Verluste durchs Dach 1,5 10%
Verluste durch Keller 1,5l 10%
Lüftungswärmeverluste 5,0l 35%
Verluste der Heizung 2,0l 15%

Das 3-Liter-Haus im Vergleich zum konventionellen Bau.

Energie-Einspar-Potential

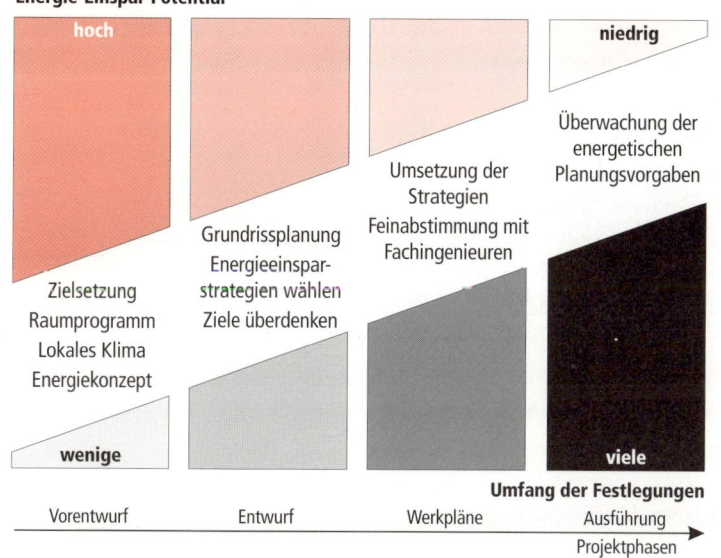

hoch — niedrig

Überwachung der energetischen Planungsvorgaben

Umsetzung der Strategien
Feinabstimmung mit Fachingenieuren

Grundrissplanung
Energieeinsparstrategien wählen
Ziele überdenken

Zielsetzung
Raumprogramm
Lokales Klima
Energiekonzept

wenige — viele

Umfang der Festlegungen

Vorentwurf Entwurf Werkpläne Ausführung
Projektphasen

In der fortschreitenden Projektierung eines Hauses werden die Spielräume für Energiesparmassnahmen sukzessive kleiner.

Planung II

Rechnen, vergleichen, auswählen: Mit diesen drei Worten lässt sich die Planungsmethodik für ein Niedrigenergiehaus zusammenfassen. Dabei geht es um die Frage, wie sich verschiedene Konzept- und Ausstattungsvarianten auf das "System Haus" und damit auf seine Energiebilanz auswirken.

Ein Beispiel: Welche Fensterqualität (gut oder super gedämmt) birgt welches Sparpotential, und wie gross sollen die Fensterflächen sein? Hier haben Untersuchungen gezeigt, dass sich in einem Energiesparhaus bessere und bei Dreifach-Wärmeschutzverglasung auch grössere Fenster lohnen. Denn dann übersteigt der Solarenergiegewinn den Transmissionswärmeverlust der Fenster.

Allerdings darf der Beitrag der Sonne zur Energiebilanz eines Niedrigenergiehauses keineswegs überschätzt werden. Denn erst beim sehr guten Niedrigenergiehaus (Heizenergiebedarf unter 30 kWh/(m²·a)) und beim Passivhaus, und auch nur bei geringer Gebäudeverschattung, wird dieser wirklich wesentlich.

Ob sich eine Massnahme lohnt, hängt nicht nur von der Energiebilanz, sondern vor allem auch von der Wirtschaftlichkeit ab. Besonders wichtig ist dabei die Frage nach der Reihenfolge, in der zusätzliche Investitionsmassnahmen zur Energieeinsparung sinnvoll sind. Genau das wurde in einer schweizerischen Niedrigenergiehaus-Siedlung (Siedlung Boller in Wädenswil) untersucht. Zum einen wurde durch diese Untersuchung – wieder einmal – deutlich, wie wichtig Zusammenhänge sind: Wenn die Sonnenkollektoren bereits so viel Wärme liefern, dass für eine Abwasser-Wärmerückgewinnung nur noch 4 Monate Nut-

zungsdauer bleiben, ist dies alles andere als rentabel. Zum andern zeigt das Beispiel deutlich und mit Anspruch auf allgemeine Gültigkeit, welche Massnahmen Priorität haben:

- Verbesserung des k-Wertes (Wärmedämmung) bei Dach und Aussenwänden von 0,4 W/(m²·K) auf 0,15 W/(m²·K),
- Dreifach-Wärmeschutzverglasung mit Argonfüllung,
- Mechanische Lüftung mit Wärmerückgewinnung.

Bereits durch diese drei Massnahmen wird der jährliche Energieverbrauch um zwei Drittel reduziert. Gleichwohl sind die Massnahmen kostenmässig tragbar und machen lediglich 5 bis 6% der Bausumme (ohne Grundstück) aus. Die drei aufgeführten Punkte sind energetisch und ökonomisch die mit Abstand wichtigsten.

Maßnahmen zur Reduktion des Energiebedarfs	Jahresverbrauch nach Ausführung d. Massnahme kWh	Jährliche Einsparung durch Massnahme kWh	Kosten der Massnahme Fr.	Spezifische Kosten der Massnahme Fr./kWh
Übliches Haus gleicher Abmessung	23870	—	—	—
Grösserer Anteil Südfenster	23270	600	—	—
3-fach-Wärmeschutzverglasung (Argon)	17860	5410	5500.-	1.-
k-Wert von Dach und Wänden 0,15 statt 0,4 W/(m^2·K)	11780	6080	14600.-	2.40
Lüftung mit Wärmerückgewinnung	7330	4450	13800.-	3.10
9 m^2 Sonnenkollektoren + 3 m^3 Speicher	5030	2300	24000.-	10.-
33 m^2 statt 9 m^2 Sonnenkollektoren	2820	2210	29900.-	14.-
20 m^3 statt 3 m^3 Speicher	1620	1200	20500.-	17.-
Abwasserwärmerückgewinnung	1200	440	8000.-	18.-
Hochisolationsfenster Holz/Metall	380	830	33400.-	40.-

(1 Fr. entspricht kaufkraftmässig 1 DM.)

Was 10 Massnahmen zur Reduktion des Energiebedarfs bringen und wieviel sie kosten (Beispiel: Siedlung Boller).

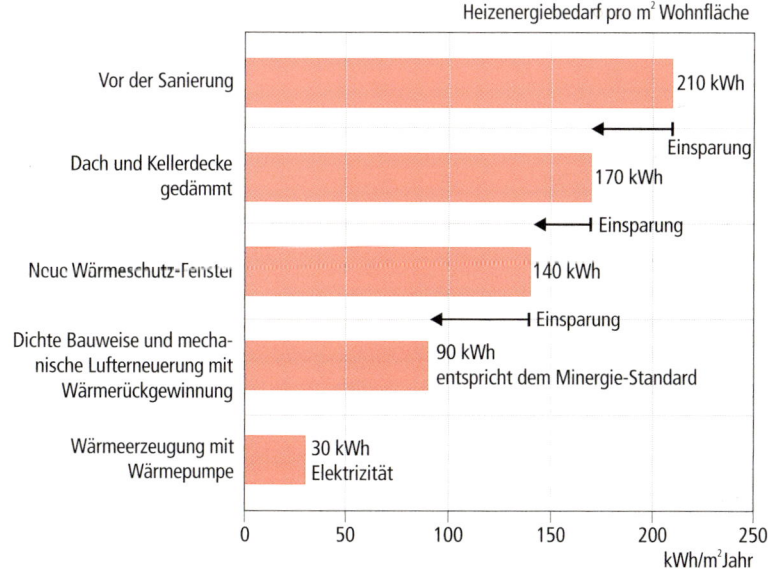

Heizenergiebedarf pro m^2 Wohnfläche

Vor der Sanierung — 210 kWh

Einsparung

Dach und Kellerdecke gedämmt — 170 kWh

Einsparung

Neue Wärmeschutz-Fenster — 140 kWh

Einsparung

Dichte Bauweise und mechanische Lufterneuerung mit Wärmerückgewinnung — 90 kWh entspricht dem Minergie-Standard

Wärmeerzeugung mit Wärmepumpe — 30 kWh Elektrizität

0   50   100   150   200   250
kWh/m^{2}Jahr

Hierarchie der Massnahmen bei der Sanierung eines Mehrfamilienhauses, dargestellt durch den jährlichen Heizenergieverbrauch (Endenergie).

Bei der Bauweise von Niedrigenergiehäusern unterscheidet man zwischen dem leichten Bau – bei der Holzrahmenkonstruktionen vorherrschen – und dem Massivbau, in der Regel gemauert. Niedrige k-Werte, wie sie für ein Niedrigenergiehaus nötig sind, können mit beiden Techniken realisiert werden – allerdings mit unterschiedlichen Bautiefen der Aussenwände.

Die Vorstellung, dass Massivbauten stabiler sind als Holz- oder andere Leichtbaukonstruktionen, muss auf jeden Fall revidiert werden. So ist es heutzutage hinsichtlich statischer Belastbarkeit kein Problem mehr, mit Leichtbaumaterialien die Stabilität von Massivbauten zu erreichen. An vielen Stellen – wie zum Beispiel beim Dachstock – sind leichtere Baumaterialien sogar von Vorteil, da ihr geringes Eigengewicht andere Bauteile weniger belastet.

Ein oft zitierter Vorteil der Massivbauten ist ihre Wärme-Speicherfähigkeit. Eine Betonwand speichert Wärme von der Sonne und Abwärme von Menschen und Geräten. Je nach Temperaturverhältnissen gibt die Speichermasse die Wärme wieder an den Raum ab – beispielsweise am Abend. Dies gleicht Temperaturschwankungen der Raumluft aus und spart zudem Heizenergie. Auf der anderen Seite benötigt die Massivbauweise bei der Herstellung mehr Energie – sogenannte graue Energie. Im Gegensatz dazu benötigt der Holzbau weniger Herstellungsenergie, hat dafür aber einen höheren jährlichen Heizenergieverbrauch – wegen der fehlenden Speicherfähigkeit. Ein rechnerischer Variantenvergleich für Niedrigenergiehäuser zeigt jedoch, dass der reine Leichtbau und der konventionelle Massivbau alles in allem annähernd die gleiche Gesamtenergiebilanz aufweisen. Die Bilanz des Leichtbaus lässt sich verbessern, indem mit möglichst wenig zusätzlicher Herstellungsenergie möglicht viel zusätzliche Masse eingebaut wird – Splittschüttung, Stampflehm und Gartenplatten sind einige Beispiele dafür. Die Bilanz des Massivbaus hingegen verbessert sich, indem energieaufwendige Konstruktionen durch Alternativen ersetzt werden, die weniger Herstellungsenergie benötigen. Beispiele sind Holz-Beton-Verbunddecken an Stelle von Stahlbetondecken oder Kalksandsteinmauerwerk statt Backsteinmauerwerk.

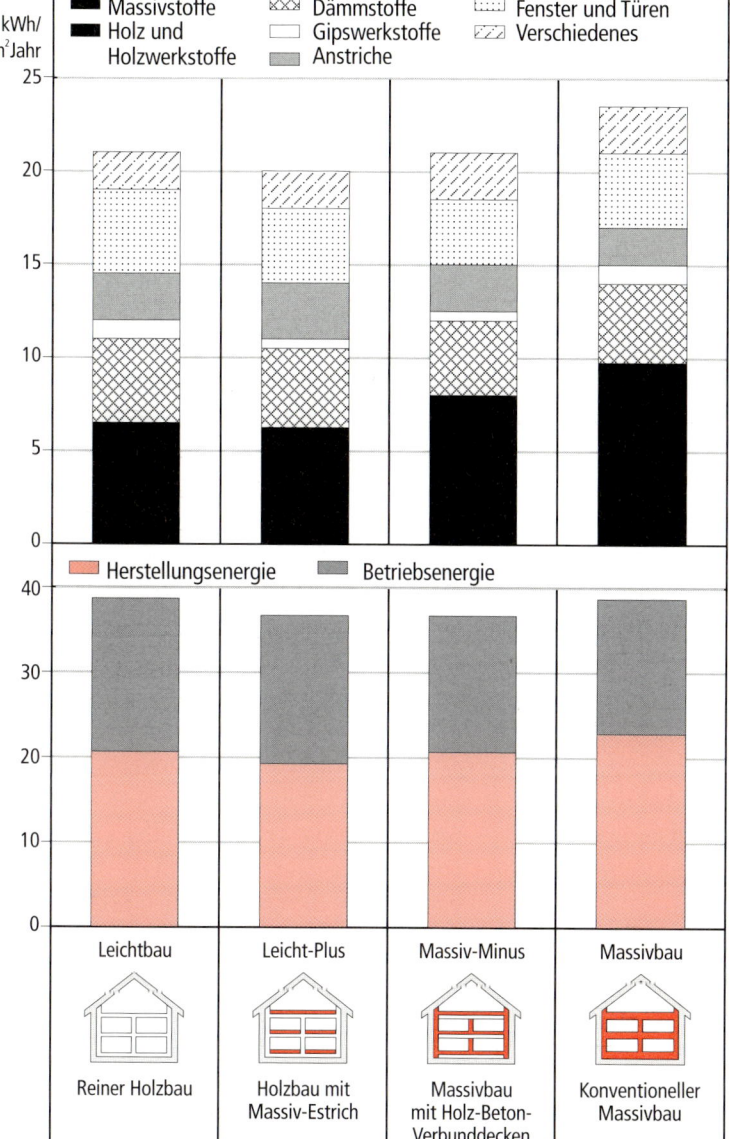

Vergleich von Leicht-
bau- und Massivbau-
weise in je zwei Varian-
ten (Leicht, Leicht-
Plus, Massiv-Minus
und Massiv). Oben:
Jahresraten der Her-
stellungsenergie nach
Materialien in kWh je
m² Wohnfläche und
Jahr. Unten: Vergleich
von Herstellungs- und
Betriebsenergie für die
gleichen Varianten.
(Quelle: R. Fraefel)

Die Gesundheit der Bewohner eines Niedrigenergiehauses ist letztlich das ausschlaggebende Kriterium bei der Wahl der Baustoffe. Alle anderen Kriterien – auch der Energieverbrauch – sind diesem nachgeordnet. Beide Ziele lassen sich jedoch mit einer Vielzahl von Konstruktionen gemeinsam erreichen. Dies belegen Hunderte von Bauten, die seit Jahren, ja seit Jahrzehnten bewohnt sind. Auf welche Punkte ist zu achten? Baustoffe, die Gase emittieren (zum Beispiel Lösungsmittel) sind selbst dann zu meiden, wenn die Emissionsraten gering sind. Denn ihre grossflächige Anwendung, zum Beispiel in Form von Baustoffplatten, belastet die Raumluft in unverantwortlicher Weise. Ein weiteres Kriterium ist die Herstellungsenergie sowie die „Rückbaubarkeit" (Rezyklierbarkeit) von Baustoffen. Schliesslich ist ihre Eignung zur Reduktion der Transmissionswärmeverluste sowie der Lüftungswärmeverluste zu prüfen. Konkret lässt sich dies über die Wärmeleitfähigkeit und die Luftdichtheit der Stoffe quantifizieren. Die Frage der Luftdichtheit stellt sich naturgemäss an der Nahtstelle zweier Materialien besonders deutlich.

Massivbaustoffe wie Beton, Kalksandstein und Ziegel haben eine gute bis sehr gute Wärmeleitfähigkeit und ein hohes spezifisches Gewicht. Sie eignen sich deshalb sehr gut als Speichermasse. Die hohe Wärmeleitfähigkeit verlangt aber, dass auf die Vermeidung von Wärmebrücken besondere Aufmerksamkeit gelegt wird. Der Energieverbrauch für die Herstellung von Kalkstein und Porenbeton ist eher gering, der von Ziegeln mittel bis sehr hoch, und der von Beton sehr hoch.

Sehr gut bezüglich der Herstellungsenergie schneidet dagegen Massivholz ab. Die Pfosten (Stützen) und Riegel (Balken), die Sparren und Pfetten benötigen den geringsten Primärenergieaufwand aller Baumaterialien. Als Spezialprodukte mit höherer Belastbarkeit, aber auch höherem Herstellungsaufwand, gelten sogenannte Leimbinder – aus mehreren Massivholzlagen verleimte Träger. Die Zugkräfte werden im Leichtbau von der Beplankung – aussteifende Platten, zum Beispiel Span- oder Sperrholzplatten – aufgenommen. Die Holzbauweise bringt bezüglich Wärmebrücken wesentlich weniger Probleme mit sich, besonderes Augenmerk ist indessen auf die Luftdichtheit zu legen.

Dämmstoffe zeichnen sich durch eine niedrige Wärmeleitfähigkeit aus. Man unterscheidet zwischen Mineralwolle, Schaumglas, Polystyrol, Polyurethan, Zellulose und biogenen Dämmstoffen wie Holzfasern, Kokosfasern oder Kork. Bei der Anwendung von grösseren Dämmstoffmengen stellt sich immer wieder die Frage nach der Umweltbelastung. Dabei sind vor allem die Herstellungsenergie und die entstehenden Schadstoffemissionen von Bedeutung. Möglichst zu vermeiden ist Polyurethan, da für dessen Herstellung FCKW verwendet werden, welche die Ozonschicht zerstören. Eine gute Alternative bieten Mineralwollen, wobei die Frage der Gesundheitsschädigung durch Formaldehyd und lungengängigen Fasern noch nicht abschliessend geklärt ist. Als ökologisch gut können alle natürlichen Materialien eingestuft werden.

Materialkennwerte Material	Dichte kg/m³	Wärme-leitfähig-keit W/mK	Spez. Wärme-kapazität Wh/kgK
Bindiger Boden, naturfeucht		2,1	
Lehm, massiv		0,9	
Sand, Kies	1800-2000	0,7	0,222
Beton		0,8 - 1,4	0,305
Stahlbeton	2400	2,1	
Leichtbeton (Blähton-Beton)	1000 - 1500	0,30-70	
Innenputz, für normale Berechnungen	1400	0,70	0,250
Außenputz, für normale Berechnungen	1800	0,87	0,305
Holz (Wärmefl. senkr. z.Faser, 15%r.F.)			0,556 - 0,667
Fichte, Tanne	450 - 500	0,14	
Buche	700 - 750	0,17	
Eiche	700 - 800	0,21	
Stahl	7850	60	0,14
Aluminium	2700	200	0,25
Glas	2500	0,81	0,22
Wasser bei 10 °C	1000	0,58	1,164
Eis 0 °C	820 - 920	2,23	
Schnee 0 °C	100 - 500	0,05-0,58	
Bauplatten aus:			
Gips	600- 1200	0,3 - 0,6	0,22
Gipskarton	900	0,21	0,22
Zementgebundenem Holzspan-Leichtbaustoff	700	0,12	0,417
Holzfaser, hart	1000	0,17	0,694
Holzspanplatten	650-800	0,11-0,17	0,75
Sperrholzplatten	600	0,44	0,75
Mauerwerk (inkl. Fugen), unverputzt aus:			
Einsteinmauerwerk	1100	0,44	0,25
Verbundmauerwerk	1100	0,37	0,25
Isolierbacksteinen	1200	0,47	0,25
Tonisolierplatten (ZP)	1100	0,44	0,25
Sichtbacksteinen	1400	0,52	0,25
Klinkersteinen	1800	0,81	0,25
Kalksandsteinen	1600-1800	0,8 -1,0	0,25
Zementsteinen	2000	1,1	0,305
Zementblocksteinen	1200	0,7	0,305
Gasbetonsteinen	500	0,16	0,305
Bruchsteinen	1700	0,21	0,305

Materialkennwerte Wärmedämmstoffe	Dichte kg/m³	Wärme-leitfähig-keit W/mK	Spez. Wärme-kapazität Wh/kgK
Anorganische Faserstoffe			0,167
Steinwolleplatten	60 - 120	0,036	
Mineralfaserplatten	200 - 500	0,060	
Glasfaserplatten	20 - 60	0,040	
Steinwollematten	60 - 120	0,040	
Schlackenwollematten	30 - 70	0,060	
Glasfasermatten und -filze	12 - 18	0,044	
Steinwolle	60 - 200	0,040	
Schlackenwolle	30 - 70	0,060	
Glasfasern	30 - 70	0,040	
Organische Faserstoffe			0,167
Schilfrohrplatten	200 - 300	0,060	
Kokosfasermatten	50 - 200	0,050	
Hanffasermatten	50 - 200	0,050	
Kork			0,417
Korkplatten expandiert	110 - 140	0,042	
Korkschrot natur	80 - 160	0,060	
Schaumglasplatten	130	0,048	0,22
Perlit mit organischen Fasern gepresst	170 - 200	0,060	0,167
Perlit, Vermiculit, lose	50-130	0,070	0,167
Organische Schaumstoffe (Platten)			0,389
Polystyrol expandiert (PS)	20 - 28	0,038	
Polystyrol extrudiert (PS)	> 30	0,034	
Polyurethan (PUR)	30 - 80	0,030	
Polyaethylen (PE)	30 - 50	0,050	
Holzfaserplatten porös	200 - 400	0,060	0,694
Holzfaserplatten halbhart	600 - 700	0,085	0,694
Holzwolleplatten mineralis.	350 - 500	0,085	0,444

Die Tabelle enthält Werte zur Dichte, angegeben in kg pro m³, zur Wärmeleitfähigkeit in Watt pro m Stärke und K Temperaturunterschied zwischen innen und aussen und zur spezifischen Wärmekapazität – in Wattstunden pro kg und K Temperaturunterschied – von Materialien und Komponenten, die bei Niedrigenergiehäusern bevorzugt zum Einsatz kommen. Zahlreiche Baustoffe gibt es in verschiedenen Ausführungen, von denen hier nur die zumeist verwendeten genannt werden. Einen Gesamtüberblick über Dichte- und Dämmwertvarianten bietet z.B. die DIN 4108, Teil 4.

Dämmstoffe verringern den Wärmeverlust durch die Gebäudehülle, weil sie Wärme schlecht leiten. Die Wärmeleitfähigkeit eines Materials wird mit dem Wert Lambda (λ) angegeben und bezeichnet den Wärmestrom, der durch 1 m^2 Fläche des betreffenden Materials fliesst, wenn die Temperaturdifferenz 1 K pro m beträgt. Je kleiner der λ-Wert, desto weniger gut leitet das Material Wärme. Die niedrigsten Werte marktüblicher Dämmstoffe liegen bei etwa 0,02 W/(m·K).

Aus dem λ-Wert lässt sich der k-Wert für eine bestimmte Stärke s der Dämmschicht errechnen. Bei den Normwerten für die Berechnung gibt es geringfügige nationale Unterschiede; in der Schweiz gilt k = 1/(0,19 + s/λ), in Deutschland k = 1/(0,17 + s/λ). Die k-Werte in diesem Buch sind nach der Schweizer Norm berechnet, die deutsche Norm ergibt geringfügig höhere Werte. Die angegebenen Formeln gelten für Aussenwände und Dächer ohne Hinterlüftung. Der k-Wert einer Konstruktion mit der Stärke s in m gibt an, wieviel Wärme pro m^2 Fläche bei einem Temperaturunterschied von 1 K zwischen innen und aussen verloren geht. Je tiefer der k-Wert, desto geringer ist der Wärmeverlust, und je mächtiger die Dämmschicht, desto niedriger ist der k-Wert. Ziel bei Niedrigenergiehäusern sind k-Werte von 0,2 W/(m^2·K) oder weniger, was bei einem hochwertigen Dämmstoff einer Dämmstärke von 20 cm – oder mehr – entspricht. Was die Dämmfähigkeit anbelangt, ist die Entwicklung von neuen und besseren Dämmstoffen jedoch heute keineswegs abgeschlossen.

Eine weitere für die Energiebilanz eines Gebäudes wichtige Materialeigenschaft ist die Rohdichte, das heisst das spezifische Gewicht. Sie wird mit dem griechischen Buchstaben ρ bezeichnet und in kg pro m^3 angegeben. Die Dichte ist in der Regel ausschlaggebend für die statische Belastbarkeit, die Wärmespeicherfähigkeit und die Schalldämmung eines Bauteiles. Für Niedrigenergiehäuser ist die Speicherfähigkeit von Bedeutung, weil sich damit der hohe Wärmeanfall durch Sonneneinstrahlung während des Tages speichern lässt. Dadurch kann der Überhitzung entgegengewirkt werden, und beim Temperaturrückgang gegen Abend gibt das Speichermaterial die Wärme wieder an den Raum ab. Dies lässt Sonnenenergie passiv nutzen und damit Heizenergie sparen. Oft ergeben sich aus den beiden Kriterien Wärmedämmung und Wärmespeicherung Konfliktsituationen. So dämmt eine Holzwand im Vergleich zu einer gleich starken Betonwand viermal besser, ist aber für die Speicherung von Wärme wenig geeignet.

Generell gilt:
- Je besser die Wärmedämmung, desto geringer die Bedeutung der Speicherfähigkeit.
- Ist die Wärmedämmung sehr gut, sollte die Speicherfähigkeit um so grösser sein, je grösser die Südverglasung ist.

Material	Wärmeleit-fähigkeit λ	k-Wert in W/m²K bei Dämmstärken von					
	W/mK	8 cm	12 cm	16 cm	20 cm	24 cm	30 cm
Styropor	0,030	0,35	0,24	0,18	0,14	0,12	0,10
Polystyrol	0,036	0,42	0,28	0,22	0,17	0,15	0,12
Steinwolle, Glasfaser und Zelluloseflocken	0,04	0,46	0,31	0,24	0,19	0,16	0,13
Hanffasermatten	0,05	0,56	0,38	0,29	0,24	0,20	0,16
Korkschrot natur	0,06	0,66	0,46	0,34	0,29	0,24	0,19

k-Werte von Dämmstoffen bei unterschiedlicher Dämmstärke in Watt pro m² Dämmfläche und Kelvin Temperaturunterschied zwischen innen und aussen.

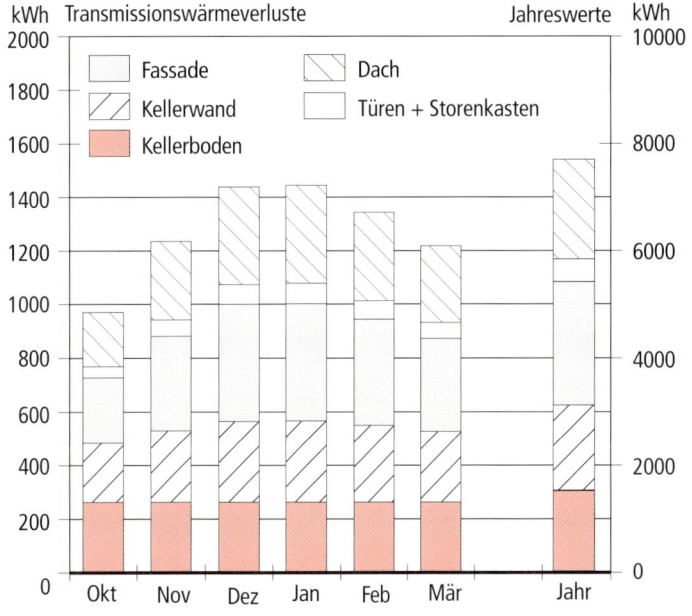

Energieverluste durch die einzelnen Gebäudeteile (in kWh) bei einem grossen Einfamilien-Niedrigenergiehaus.

Voraussetzung für ein Niedrigenergiehaus ist eine gute Wärmedämmung. Diese vermindert die Wärmeverluste durch die Gebäudehülle – die sogenannten Transmissionswärmeverluste. In der Praxis werden Wände, Dächer und Böden von Niedrigenergiehäusern mit Dämmschichten von 20 cm bis 30 cm Bautiefe versehen.

Da bei Niedrigenergiehäusern die Wärmeverluste über die Gebäudehülle stark reduziert sind, erlangen Verluste über Wärmebrücken eine grössere Bedeutung. Wärmebrücken sind „Energielöcher", die im Vergleich zur übrigen Gebäudehülle eine hohe Wärmeleitfähigkeit aufweisen. Sie entstehen zwischen beheizten Innenräumen und dem Aussenraum oder unbeheizten Gebäudeteilen, und zwar insbesondere an An- und Abschlüssen wie bei Treppen, Balkonen und Podesten. Besonders drastisch wirkt sich dies beispielsweise bei einer Betondecke aus, welche die Aussenwand durchdringt. Reduzieren kann man die Wirkung von Wärmebrücken, indem man solche Verbindungsstellen zwischen „warmen" und „kalten" Bereichen innerhalb des Gebäudes mittels Dämmung unterbricht und alle Aussenwände und das Dach mit Dämmmaterial „einpackt".

Noch grössere Wärmelecks als bei Wärmebrücken entstehen durch Undichtigkeiten – durch Fugen und Durchdringungen für Sanitär- oder Elektroinstallationen sowie an Durchbrüchen für Fenster, Türen und Kamine. Durch diese kann warme Luft direkt nach aussen entweichen und kalte Aussenluft nach innen strömen. Bei sehr undichten Häusern ist dies bei starkem Wind sogar spürbar. Der Wind drückt auf der windzugewandten Seite die Kaltluft förmlich ins Haus hinein, während auf der windabgewandten Seite ein Unterdruck entsteht, der warme Luft von innen nach aussen saugt. Selbst in windstillen Zeiten führt das Temperaturgefälle zwischen innen und aussen dazu, dass die leichtere warme Luft durch die Fugen im oberen Bereich des Hauses nach aussen strömt, während kalte Luft durch Fugen im unteren Bereich eindringt.

Undichtigkeit birgt noch weitere Probleme. Die warme Innenluft führt in der Regel beträchtliche Mengen an Feuchtigkeit mit sich. Beim Austritt durch die undichte Gebäudehülle kühlt sich die Luft ab, und die Feuchtigkeit kondensiert. Dies kann zu Schimmelbefall und somit zu Bauschäden führen, die bei Holzbauten sogar deren Standfestigkeit gefährden können.

Bauteilekatalog: Auf den nächsten Seiten sind eine ganze Anzahl von beispielhaften Konstruktionen aufgeführt.

Beispielhafte Konstruktionen zu unbeheizten Räumen ohne metallene Befestigungselemente. Aufgeführt sind die k-Werte – angegeben in $W/(m^2 \cdot K)$ – für unterschiedliche Wärmeleitfähigkeiten, bedingt durch den verwendeten Dämmstoff, und verschiedene Stärken der Dämmschicht (in cm).

Wärmedämmung von Bauteilen zu unbeheizten Räumen I

λ	k - Wert in W/m²K bei Dämmschichtdicke in cm				
W/mK	14	16	18	20	22
0,050	0,30	0,27	0,24	0,22	0,20
0,045	0,28	0,25	0,22	0,20	0,19
0,040	0,25	0,22	0,20	0,18	0,17
0,035	0,22	0,20	0,18	0,16	0,15
0,030	0,19	0,17	0,15	0,14	0,13
0,025	0,16	0,15	0,13	0,12	0,11

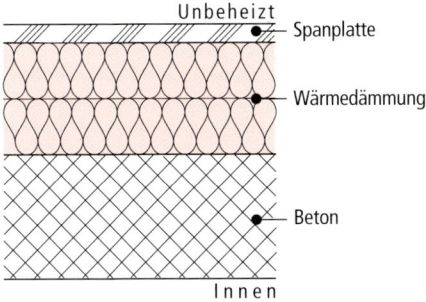

Betondecke

λ	k - Wert in W/m²K bei Dämmschichtdicke in cm				
W/mK	12	14	16	18	20
0,050	0,34	0,30	0,27	0,24	0,22
0,045	0,31	0,27	0,24	0,22	0,20
0,040	0,28	0,25	0,22	0,20	0,18
0,035	0,25	0,22	0,20	0,18	0,16
0,030	0,22	0,19	0,17	0,15	0,14
0,025	0,19	0,16	0,14	0,13	0,12

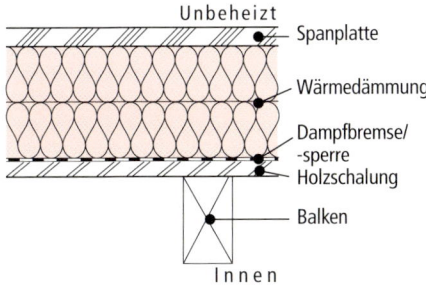

Holzbalkendecke

λ	k - Wert in W/(m²·K) bei Dämmschichtdicke in cm				
W/mK	16	18	20	22	24
0,050	0,31	0,28	0,26	0,24	0,22
0,045	0,29	0,26	0,24	0,22	0,20
0,040	0,27	0,24	0,22	0,21	0,19
0,035	0,25	0,22	0,20	0,19	0,17
0,030	0,23	0,21	0,19	0,17	0,16
0,025	0,21	0,19	0,17	0,16	0,15

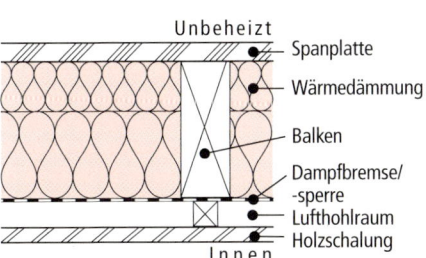

**Holzbalkendecke
(inhomogen, Holz-
anteil 12,8%)**

Die thermische Qualität einer Bauhülle ist ganz wesentlich von den in der Konstruktion wirksamen Wärmebrücken abhängig. Die Vermeidung – oder zumindest die Reduktion – dieser Wärmebrücken ist deshalb vorrangige Aufgabe.

Befestigungselemente, welche die Dämmschicht durchstossen, sollten möglichst nicht aus Metall sein. Dies gilt insbesondere für Konsolen, Halterungen, Schienen und Anker. Als Dübel sind in jedem Fall Kunststoffprodukte zu verwenden. Denn ein Stahldübel

verursacht auf seiner Querschnittsfläche den eintausend- bis zweitausendfachen Transmissionswärmeverlust wie das durchstossene Dämmmaterial gleichen Querschnitts.

Die abgebildeten Konstruktionen sowie das zugehörige Zahlenwerk basieren auf Konstruktionen ohne metallene Befestigungselemente; lediglich Nägel und schlanke Schrauben sind berücksichtigt. Für massive Befestigungselemente sind bei der Wärmedämmung Zuschläge von bis zu 50% einzurechnen.

Wärmedämmung von Bauteilen zu unbeheizten Räumen II

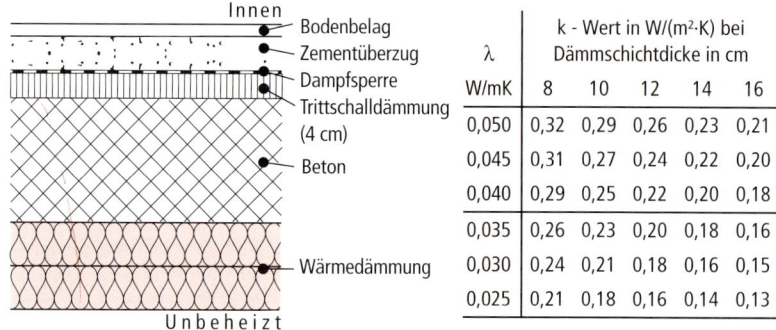

Betondecke Keller (Befestigung ohne Metallteile)

λ	k - Wert in W/(m²·K) bei Dämmschichtdicke in cm				
W/mK	8	10	12	14	16
0,050	0,32	0,29	0,26	0,23	0,21
0,045	0,31	0,27	0,24	0,22	0,20
0,040	0,29	0,25	0,22	0,20	0,18
0,035	0,26	0,23	0,20	0,18	0,16
0,030	0,24	0,21	0,18	0,16	0,15
0,025	0,21	0,18	0,16	0,14	0,13

λ W/mK	k - Wert in W/(m²·K) bei Dämmschichtdicke in cm				
	10	12	14	16	18
0,050	0,31	0,28	0,25	0,23	0,21
0,045	0,29	0,26	0,24	0,22	0,20
0,040	0,28	0,25	0,22	0,20	0,19
0,035	0,26	0,23	0,21	0,19	0,18
0,030	0,24	0,21	0,19	0,18	0,16
0,025	0,22	0,19	0,17	0,16	0,14

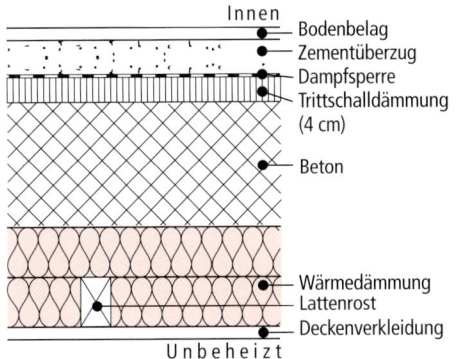

Innen — Bodenbelag, Zementüberzug, Dampfsperre, Trittschalldämmung (4 cm), Beton, Wärmedämmung, Lattenrost, Deckenverkleidung — Unbeheizt

Betondecke Keller (Wärmedämmung zwischen Lattenrost, Holzanteil 8,3%)

λ W/mK	k - Wert in W/(m²·K) bei Dämmschichtdicke in cm				
	12	14	16	18	20
0,050	0,35	0,31	0,27	0,25	0,23
0,045	0,32	0,28	0,25	0,23	0,20
0,040	0,29	0,25	0,23	0,20	0,18
0,035	0,26	0,23	0,20	0,18	0,16
0,030	0,23	0,20	0,17	0,16	0,14
0,025	0,19	0,17	0,15	0,13	0,12

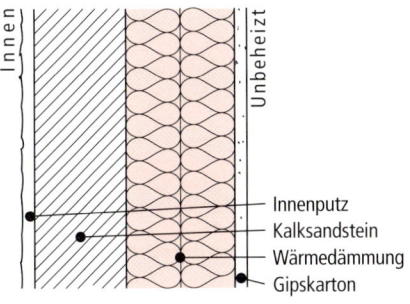

Innen — Unbeheizt — Innenputz, Kalksandstein, Wärmedämmung, Gipskarton

Kalksteinmauer (Befestigung ohne Metallteile)

λ W/mK	k - Wert in W/(m²·K) bei Dämmschichtdicke in cm				
	12	14	16	18	20
0,050	0,39	0,34	0,31	0,28	0,25
0,045	0,36	0,32	0,28	0,26	0,23
0,040	0,33	0,29	0,26	0,23	0,21
0,035	0,31	0,27	0,24	0,22	0,20
0,030	0,28	0,24	0,21	0,19	0,18
0,025	0,25	0,21	0,19	0,17	0,15

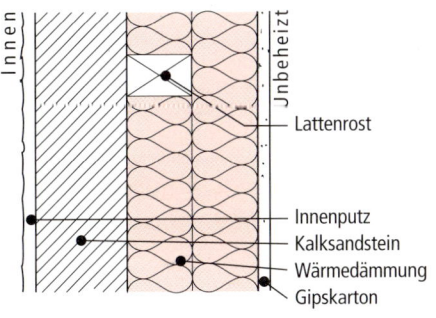

Innen — Unbeheizt — Lattenrost, Innenputz, Kalksandstein, Wärmedämmung, Gipskarton

Kalksteinmauer (Wärmedämmung zwischen Lattenrost, Holzanteil 8,3%)

Aussenwände bilden in der Regel den grössten Anteil an der Bauhülle. Die für ein Niedrigenergiehaus nötigen k-Werte sind durch verschiedene Wandkonstruktionen erreichbar. Homogene Massivwände sind jedoch für Niedrigenergiehäuser praktisch nicht mehr realisierbar, da für einen k-Wert von 0,2 W/(m²·K) beispielsweise 75 cm Gasbeton notwendig wären. Aussenwände werden daher in Massivbauweise mit Aussendämmung oder in – leider sehr teurer – zweischaliger Bauweise mit Kerndämmung sowie als Leichtbaukonstruktionen realisiert.

Mit Leichtbaukonstruktionen können schon mit geringen Wandstärken – um 30 cm – niedrige k-Werte realisiert werden. Da aber die Dämmschicht in der Regel durch die tragenden Holzteile unterbrochen wird und Holz etwa viermal besser Wärme leitet als Dämmstoffe, sollte der Holzanteil möglichst klein gehalten werden. Daher sind Konstruktionen mit Stegträgern besonders geeignet. Holz ist zudem feuchtempfindlich. Darum muss sichergestellt werden, dass weniger Feuchte in den Wandaufbau gelangt als nach aussen abtrocknen kann – das bedingt, dass die raumseitige Dampfbremse dampfdichter ist als die aussenseitige Bekleidung.

Beim zweischaligen Mauerwerk mit Kerndämmung sind der Dämmstärke klare Grenzen gesteckt. Aus statischen Gründen darf der Abstand zwischen den beiden tragenden Mauern höchstens 15 cm betragen. So wird eine hohe Wärmedämmung nur mit sehr kostenintensiven Materialien möglich. Zudem entstehen bei Verbindungsstellen zwischen dem wärmeleitenden Mauerwerk und beheizten Gebäudeteilen Wärmebrücken, die durch die Wahl geeigneter Befestigungsmaterialien reduziert werden müssen. Zweischalige Mauerwerke zeichnen sich vor allem durch ihre Dauerhaftigkeit aus.

Bei den einschaligen Konstruktionen mit Aussendämmung, mit der Kompaktfassade als häufigstem Beispiel, sind der Dämmstärke kaum Grenzen gesetzt – zumindest, was die Technik anbelangt. Da solche Konstruktionen die tragenden Mauerteile schützen und den Wohnraum nicht verkleinern, werden sie sehr oft bei Renovierungen oder Sanierungen angewandt. Durch Aussendämmung werden die Temperaturschwankungen in der tragenden Konstruktion reduziert, im Aussenputz jedoch erhöht. Dies kann zu Rissbildungen führen. Auch kühlt sich der Aussenputz in klaren Nächten besonders stark ab. Dadurch bildet sich Kondenswasser, was das Risiko eines Algenbefalls erheblich erhöht. Alternativ eignen sich daher hinterlüftete Fassaden.

Wärmedämmung von Außenwänden I

**Einschichtige Wärmedämmung
mit Pfosten und beidseitig Spanplatten.**

λ-Wert	Dämmstärke
0,045	25 cm
0,040	**23 cm**
0,035	21 cm

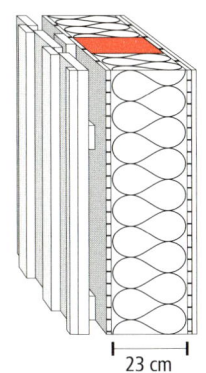

innen

|← 23 cm →|

Dämmstärkevergleich von drei Leichtbauwänden mit unterschiedlichem Aufbau bei einem k-Wert von 0,2 W/(m²·K) und einer Wärmeleitfähigkeit von 0,04 W/(m·K).

**Zweischichtige Wärmedämmung
mit Pfosten und Riegel.**
Aussen Weichfaser-, innen Spanplatte

λ-Wert	Dämmstärke
0,045	22 cm
0,040	**20 cm**
0,035	18 cm

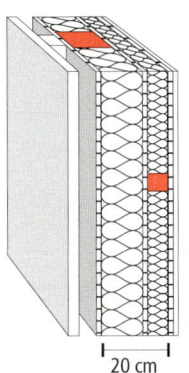

|← 20 cm →|

**Einschichtige Wärmedämmung
mit Stegträger.**
Aussen Weichfaser-, innen Spanplatte

λ-Wert	Dämmstärke
0,045	20 cm
0,040	**18 cm**
0,035	16 cm

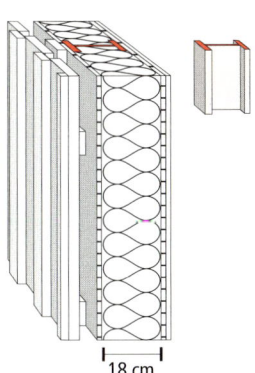

|← 18 cm →|

Beispielhafte Konstruktionen von Aussenwänden ohne metallene Befestigungselemente. Aufgeführt sind die k-Werte – angegeben in W/(m²·K) – für unterschiedliche Wärmeleitfähigkeiten, bedingt durch den verwendeten Dämmstoff, und für verschiedene Stärken der Dämmschicht (in cm). Vorsicht: Die gezeigten Konstruktionen sind aufgrund statischer und bautechnischer Anforderungen nicht immer für alle aufgeführten Dämmschichtdicken optimal geeignet.

Wärmedämmung von Außenwänden II

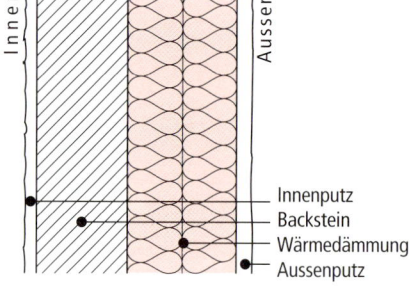

**Kompaktfassade
(Befestigung ohne
Metallteile)**

Innenputz
Backstein
Wärmedämmung
Aussenputz

λ	k - Wert in W/(m²·K) bei Dämmschichtdicke in cm				
W/mK	14	16	18	20	22
0,050	0,30	0,27	0,24	0,22	0,20
0,045	0,27	0,24	0,22	0,20	0,18
0,040	0,25	0,22	0,20	0,18	0,16
0,035	0,22	0,19	0,17	0,16	0,15
0,030	0,19	0,17	0,15	0,14	0,13
0,025	0,16	0,14	0,13	0,12	0,11

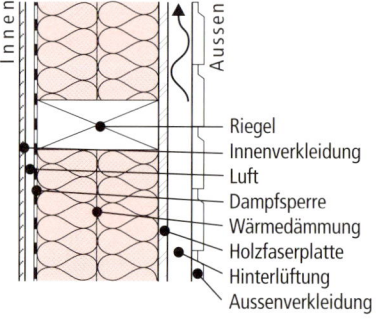

**Pfosten-Riegel-System
(Holzanteil 12,8%)**

Riegel
Innenverkleidung
Luft
Dampfsperre
Wärmedämmung
Holzfaserplatte
Hinterlüftung
Aussenverkleidung

λ	k - Wert in W/(m²·K) bei Dämmschichtdicke in cm				
W/mK	18	20	22	24	26
0,050	0,27	0,25	0,23	0,21	0,20
0,045	0,25	0,23	0,21	0,20	0,18
0,040	0,24	0,22	0,20	0,19	0,17
0,035	0,22	0,20	0,18	0,17	0,16
0,030	0,20	0,18	0,17	0,16	0,15
0,025	0,19	0,17	0,16	0,14	0,13

λ	k - Wert in W/(m²·K) bei Dämmschichtdicke in cm (Nur variable Schicht!)				
W/mK	4	6	8	10	12
0,050	0,29	0,26	0,24	0,22	0,20
0,045	0,27	0,24	0,22	0,20	0,19
0,040	0,25	0,22	0,20	0,19	0,17
0,035	0,23	0,21	0,19	0,17	0,16
0,030	0,21	0,19	0,17	0,16	0,14
0,025	0,19	0,17	0,15	0,14	0,13

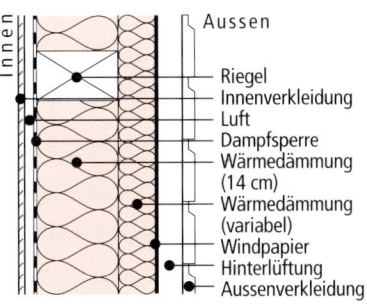

Innen — Aussen

Riegel
Innenverkleidung
Luft
Dampfsperre
Wärmedämmung (14 cm)
Wärmedämmung (variabel)
Windpapier
Hinterlüftung
Aussenverkleidung

Pfosten-Riegel-System (mit zusätzlicher Wärmedämmung, Holzanteil 12,8% bzw. 8,3%)

λ	k - Wert in W/(m²·K) bei Dämmschichtdicke in cm				
W/mK	18	20	22	24	26
0,050	0,28	0,26	0,24	0,22	0,20
0,045	0,26	0,24	0,22	0,20	0,19
0,040	0,24	0,22	0,20	0,18	0,17
0,035	0,22	0,20	0,18	0,17	0,16
0,030	0,20	0,18	0,16	0,15	0,14
0,025	0,17	0,16	0,14	0,13	0,12

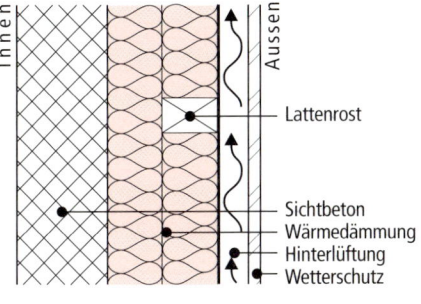

Innen — Aussen

Lattenrost
Sichtbeton
Wärmedämmung
Hinterlüftung
Wetterschutz

Vorgehängte Fassade (Befestigung ohne Metallteile, Holzanteil 8,3%)

λ	k - Wert in W/(m²·K) bei Dämmschichtdicke in cm				
W/mK	14	16	18	20	22
0,050	0,29	0,26	0,24	0,22	0,20
0,045	0,27	0,24	0,22	0,20	0,18
0,040	0,24	0,22	0,19	0,18	0,16
0,035	0,22	0,19	0,17	0,16	0,14
0,030	0,19	0,17	0,15	0,14	0,13
0,025	0,16	0,14	0,13	0,12	0,11

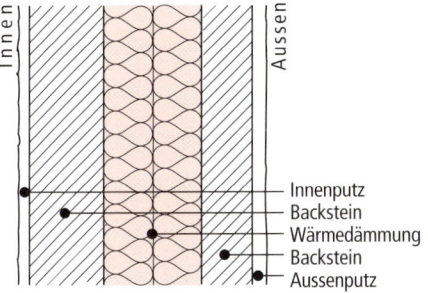

Innen — Aussen

Innenputz
Backstein
Wärmedämmung
Backstein
Aussenputz

Zweischalenmauerwerk

Luftdichtheit ist eine wichtige Forderung der Niedrigenergiebauweise; sie ist nur durch konsequente Umhüllung der ganzen Dachpartie zu erreichen. Durchdringungen als Folge von Installationen wie Dachfenster, Kamin oder Abluftöffnungen sind auf das absolut Notwendige zu beschränken. Da Dächer sich bezüglich Bauart und Installationen stark unterscheiden, gibt es dafür keine Patentlösungen.

Eine aufwendige Konstruktion besteht aus zwei gänzlich getrennten Dächern, von denen das innere lediglich zur Montage der Luftdichtheits- und Dampfsperrschicht und des äusseren, tragenden Hauptdaches dient.

In die Berechnung des k-Wertes eines Daches müssen Holzteile wie Sparren unbedingt mit einbezogen werden, da sie im Vergleich zum Dämmstoff Wärmebrücken darstellen. So können Holzteile – auch bei fachgerechter Ausführung – die Dämmung bis um ein Viertel verschlechtern. Bei Niedrigenergiehäusern sind Dämmungen zwischen den Sparren daher mit einer über oder unter den Sparren liegenden Dämmschicht zu kombinieren.

Die Luftdichtheits- und Dampfsperrschicht ist ein sehr wichtiger Bestandteil der Dachkonstruktion. Die Luftdichtheitsschicht verhindert den direkten Luftdurchtritt von innen nach aussen – und umgekehrt. Die Dampfsperre reduziert zusätzlich die Diffusion von Wasserdampf so stark, dass sich innerhalb des Daches kein schädliches Kondenswasser bilden kann. Zweckmäßigerweise wählt man ein Material, das beide Aufgaben übernehmen kann. In der Praxis werden Bahnen aus Bitumen, Polymerbitumen oder Kunststoff beziehungsweise armierte Baupappen verwendet. Die Luftdichtheits- und Dampfsperrschicht ist auf der Warmseite der Dämmschicht einzubauen. Notwendige Installationen für Wasser und Elektrizität sind – mit Ausnahme von Zuführungen und Entsorgungsleitungen – raumseitig unterzubringen. Zweckmäßig ist ein durch den Lattenrost gebildeter Hohlraum zwischen Deckenverkleidung und Luftdichtheitsschicht.

Die wichtigsten Wärmebrücken: Holzteile wie Sparren oder Pfetten sind große Wärmebrücken. Sie können aber sehr leicht entschärft werden, indem man die Dämmung zwischen den Sparren mit einer zusätzlichen Dämmschicht – unter- oder oberhalb – kombiniert. Grundsätzlich ist zu sagen, dass beim Steildach das Hauptproblem nicht beim mangelhaften Wärmeschutz liegt, sondern bei der in der Praxis meistens vernachlässigten Luftdichtheit.

Beispielhafte Konstruktionen von Dächern ohne metallene Befestigungselemente. Aufgeführt sind die k-Werte – angegeben in W/(m²·K) – für unterschiedliche Wärmeleitfähigkeiten, bedingt durch den verwendeten Dämmstoff und verschiedene Stärken der Dämmschicht (in cm).

Wärmedämmung von Flachdächern

λ W/mK	k - Wert in W/(m²·K) bei Dämmschichtdicke in cm				
	14	16	18	20	22
0,050	0,32	0,28	0,25	0,23	0,21
0,045	0,29	0,26	0,23	0,21	0,19
0,040	0,26	0,23	0,21	0,19	0,17
0,035	0,23	0,20	0,18	0,17	0,15
0,030	0,20	0,18	0,16	0,14	0,13
0,025	0,17	0,15	0,13	0,12	0,11

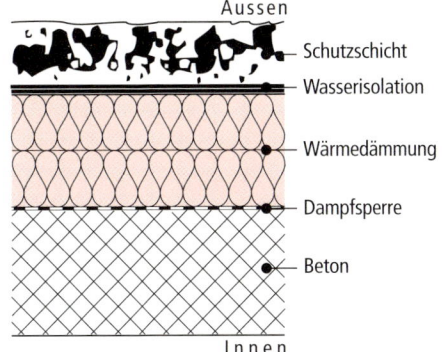

Aussen
Schutzschicht
Wasserisolation
Wärmedämmung
Dampfsperre
Beton
Innen

Beton-Flachdach

λ W/mK	k - Wert in W/(m²·K) bei Dämmschichtdicke in cm				
	14	16	18	20	22
0,050	0,34	0,28	0,25	0,23	0,21
0,045	0,30	0,26	0,23	0,21	0,19
0,040	0,27	0,23	0,21	0,19	0,17
0,035	0,23	0,20	0,18	0,17	0,15
0,030	0,20	0,18	0,16	0,14	0,13
0,025	0,17	0,15	0,13	0,12	0,11

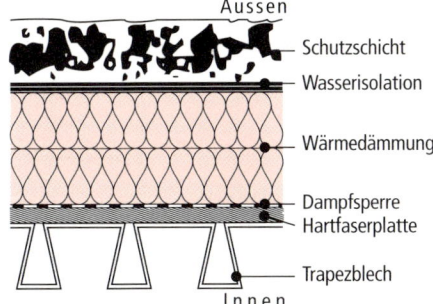

Aussen
Schutzschicht
Wasserisolation
Wärmedämmung
Dampfsperre
Hartfaserplatte
Trapezblech
Innen

Leichtbau-Flachdach

λ W/mK	k - Wert in W/(m²·K) bei Dämmschichtdicke in cm				
	14	16	18	20	22
0,050	0,31	0,28	0,25	0,23	0,21
0,045	0,28	0,25	0,23	0,21	0,19
0,040	0,25	0,23	0,20	0,18	0,17
0,035	0,23	0,20	0,18	0,16	0,15
0,030	0,20	0,17	0,16	0,14	0,13
0,025	0,17	0,15	0,13	0,12	0,11

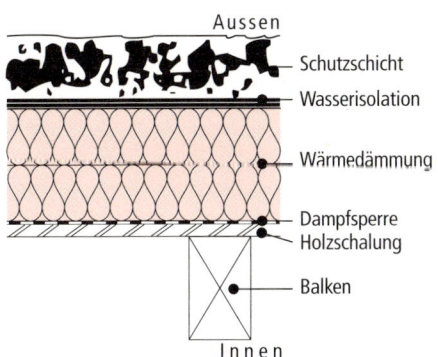

Aussen
Schutzschicht
Wasserisolation
Wärmedämmung
Dampfsperre
Holzschalung
Balken
Innen

Holzbau-Flachdach

	Mineral-wolle	Holz-fasern	Zellulose-fasern	Kokos-fasern	Schaum-glas	Kork	Polystyrol expandiert	Polystyrol extrudiert	Poly-urethan
Wärmedämmfähigkeit	gut	neutral	neutral	neutral	neutral	neutral	gut	gut	gut
Preis-Leistungs-Verhält.	gut	schlecht	gut	neutral	schlecht	neutral	gut	neutral	neutral
Rohstoffreserven	gut	neutral	neutral	—	gut	gut	schlecht	schlecht	schlecht
Primärenergiegehalt	gut	schlecht	gut	gut	schlecht	gut	neutral	neutral	neutral
Belastung bei Herstellung	neutral	gut	gut	gut	neutral	gut	schlecht	schlecht	schlecht
Belastung bei Verarbeit.	schlecht	gut	gut	gut	neutral	gut	neutral	schlecht	schlecht
Belastung bei Nutzung	neutral	gut	gut	gut	gut	gut	neutral	schlecht	schlecht
Belastung im Brandfall	gut	neutral	neutral	neutral	gut	neutral	schlecht	schlecht	schlecht
Rezyklierbarkeit	neutral	neutral	gut	neutral	schlecht	neutral	neutral	neutral	neutral
Deponieverhalten	gut	neutral	neutral	neutral	gut	neutral	schlecht	schlecht	schlecht

Quelle: Österreichisches Institut für Baubiologie

Rainer Boisits hat im Auftrag des Österreichischen Umweltministeriums die ökologischen Eigenschaften von Dämmstoffen verglichen. Eine Zusammenfassung ist in der Tabelle enthalten. (Der Originalbericht umfasst 107 Seiten und ist beim Österreichischen Institut für Baubiologie zu beziehen.) Über seine Ergebnisse schreibt der Autor: Der Faktor Herstellung von Dämmstoffen und ihrer Rohstoffe stellte sich bezüglich der ökologischen Belastungen als der wichtigste heraus. Insbesondere die Kunststoffschäume erwiesen sich als kritische Stoffgruppe. Bei Polyurethan und PVC-Schäumen sind die Belastungen derart vielfältig, dass sie nicht oder nur in Ausnahmefällen tolerierbar sind. Bei der Herstellung biogener Dämmstoffe kommt es zu keiner relevanten Umweltbelastung, vorausgesetzt, die Rohstoffe werden nicht in intensiver Monokultur unter Chemieeinsatz gewonnen. Der Primärenergieeinsatz bei der Herstellung, bezogen auf die Wärmedämmwirkung, ist sehr unterschiedlich. Er ist bei Recyclingdämmstoffen (Zellulosefasern oder Hüttenbims), bei Kork, Kokos und Mineralfasern am geringsten, was nicht erstaunt, bei mineralisch gebundener Holzwolle, Polystyrol und Polyurethan mittel und bei Holzfaser und Schaumglas sehr hoch. Alle Dämmstoffe sparen den Energieaufwand zur Herstellung im Verlaufe ihrer Lebensdauer mehrfach ein; das sollte kein Grund sein, die deutlichen Unterschiede ausser Acht zu lassen.

Beispielhafte Konstruktionen von Dächern ohne metallene Befestigungselemente. Aufgeführt sind die k-Werte – angegeben in $W/(m^2 \cdot K)$ – für unterschiedliche Wärmeleitfähigkeiten, bedingt durch den verwendeten Dämmstoff, und verschiedene Stärken der Dämmschicht (in cm).

Wärmedämmung von geneigten Dächern

λ W/mK	k - Wert in W/(m²·K) bei Dämmschichtdicke in cm				
	14	16	18	20	22
0,050	0,31	0,28	0,25	0,23	0,21
0,045	0,28	0,25	0,23	0,21	0,19
0,040	0,25	0,23	0,20	0,18	0,17
0,035	0,23	0,20	0,18	0,16	0,15
0,030	0,20	0,17	0,16	0,14	0,13
0,025	0,17	0,15	0,13	0,12	0,11

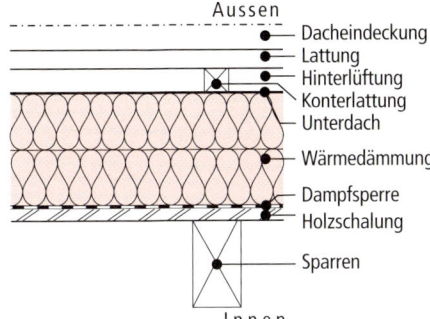

Aussen — Dacheindeckung — Lattung — Hinterlüftung — Konterlattung — Unterdach — Wärmedämmung — Dampfsperre — Holzschalung — Sparren — Innen

Schrägdach (homogen, Warmdach)

λ W/mK	k - Wert in W/(m²·K) bei Dämmschichtdicke in cm				
	18	20	22	24	26
0,050	0,28	0,25	0,23	0,22	0,20
0,045	0,26	0,23	0,21	0,20	0,18
0,040	0,23	0,21	0,20	0,18	0,17
0,035	0,22	0,20	0,18	0,17	0,15
0,030	0,19	0,18	0,16	0,15	0,14
0,025	0,17	0,15	0,14	0,13	0,12

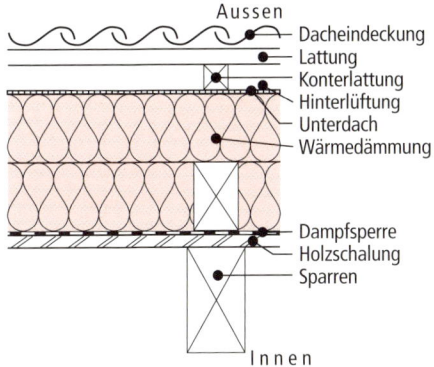

Aussen — Dacheindeckung — Lattung — Konterlattung — Hinterlüftung — Unterdach — Wärmedämmung — Dampfsperre — Holzschalung — Sparren — Innen

Schrägdach (inhomogen, Warmdach, Holzanteil 8,3%)

λ W/mK	k - Wert in W/(m²·K) bei Dämmschichtdicke in cm nur Schicht zwischen Sparren				
	12	14	16	18	20
0,050	0,28	0,26	0,24	0,22	0,21
0,045	0,26	0,24	0,22	0,20	0,19
0,040	0,24	0,22	0,21	0,19	0,18
0,035	0,22	0,20	0,19	0,17	0,16
0,030	0,20	0,19	0,17	0,16	0,15
0,025	0,18	0,17	0,16	0,14	0,13

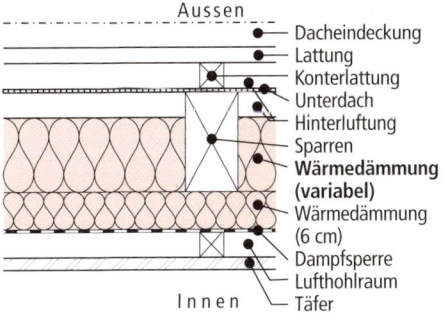

Aussen — Dacheindeckung — Lattung — Konterlattung — Unterdach — Hinterluftung — Sparren — **Wärmedämmung (variabel)** — Wärmedämmung (6 cm) — Dampfsperre — Lufthohlraum — Täfer — Innen

Schrägdach (inhomogen, Kaltdach, Holzanteil 8,3% bzw. 12,8%)

Erdberührte Bauteile sowie Böden über Kellerräumen sind seltener grossen Temperaturunterschieden zwischen innen und aussen ausgesetzt als Aussenwände und Dächer. Aufgrund des geringen mittleren Temperaturunterschiedes sind auch die Anforderungen an die Dämmstärke der Böden geringer. Im Vergleich zu den Aussenwänden – mit k-Werten zum Beispiel um 0,2 W/(m²·K) – sind für Böden konsequenterweise k-Werte um 0,25 W/(m²·K) vorzusehen. Dies bringt eine Reduktion der Dämmstärke von rund 25%.

Eine vollständige Einhüllung des gesamten Wohnbereichs einschliesslich des Kellers bringt viele Vorteile. Denn bei einer Wärmedämmung im Bereich des Erdgeschossbodens machen dem Planungsteam die Wärmebrücken zu schaffen. Nachteilig wirkt sich der Einbezug des Kellers in den gedämmten Raum auf die Vorratsräume aus – sie sind weniger kühl. Eine wohnraumseitige Wärmedämmung von Böden dämmt hingegen die Speichermasse weg, das heisst der Boden kann nicht zur Speicherung von solarer Strahlungswärme genutzt werden. Eine solche Innendämmung muss jedoch überall dort angewandt werden, wo die Unterseite der Betonkonstruktion nicht gedämmt werden darf – in der Schweiz zum Beispiel über Luftschutzräumen. Die kellerseitige Wärmedämmung wiederum bringt Wärmebrücken mit sich. So wirken Zwischenwände im Keller faktisch wie Kühlrippen für die Bodenplatte.

Die wichtigsten Wärmebrücken: Erdgeschossböden, die zur Speicherung von Sonnenwärme kellerseitig gedämmt sind, dürfen auf keinen Fall durchgehend konstruiert sein. Ansonsten entstehen grosse Wärmebrücken an der Stirnseite des Bodens. Durchgehende, in der Stärke unverminderte Aussendämmung oder durchgehende Kerndämmung der Gebäudewand bilden eine sehr einfach zu realisierende Lösung.

Weit häufiger kommen Wärmebrücken im Sockelbereich vor. Problematisch sind dabei vor allem aus konstruktiven Gründen veranlasste Wechsel der Dämmschicht von aussen nach innen und umgekehrt. Als Lösungsansatz sollte, wenn möglich und sinnvoll, das massive Bauwerk – Boden und Wände, in- und ausserhalb des Erdreichs – vollständig mit Wärmedämmmaterial eingepackt sein. Da eine statische Verbindung zwischen Fundament und Bauwerk in der Regel unverzichtbar ist, sollten geringe Querschnitte vorgesehen werden. Tatsächlich lässt sich auch diese Wärmebrücke reduzieren, indem die Bodenplatte auf flächen-inelastischem Dämmmaterial zu liegen kommt.

Beispielhafte Konstruktionen zu unbeheizten Räumen ohne metallene Befestigungselemente. Aufgeführt sind die k-Werte – angegeben in W/(m²·K) – für unterschiedliche Wärmeleitfähigkeiten, bedingt durch den verwendeten Dämmstoff, und verschiedene Stärken der Dämmschicht (in cm).

Wärmedämmung von erdberührten Bauteilen

λ W/mK	k - Wert in W/(m²·K) bei Dämmschichtdicke in cm				
	12	14	16	18	20
0,050	0,37	0,32	0,28	0,26	0,23
0,045	0,34	0,29	0,26	0,23	0,21
0,040	0,30	0,26	0,23	0,21	0,19
0,035	0,27	0,23	0,20	0,18	0,17
0,030	0,23	0,20	0,18	0,16	0,14
0,025	0,20	0,17	0,15	0,13	0,12

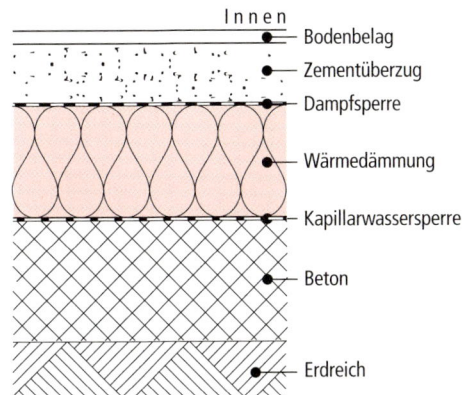

Innen
Bodenbelag
Zementüberzug
Dampfsperre
Wärmedämmung
Kapillarwassersperre
Beton
Erdreich

Betonboden (warmseitig gedämmt)

λ W/mK	k - Wert in W/(m²·K) bei Dämmschichtdicke in cm				
	12	14	16	18	20
0,050	0,38	0,33	0,29	0,26	0,24
0,045	0,35	0,30	0,26	0,24	0,21
0,040	0,31	0,27	0,24	0,21	0,19
0,035	0,27	0,24	0,21	0,19	0,17
0,030	0,24	0,20	0,18	0,16	0,14
0,025	0,20	0,17	0,15	0,13	0,12

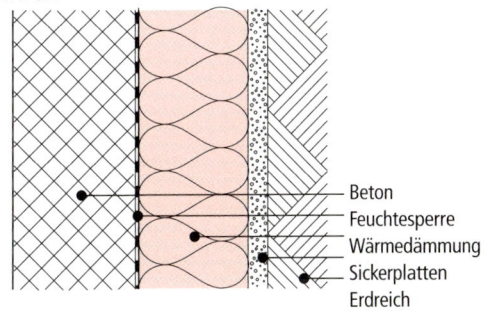

Innen
Beton
Feuchtesperre
Wärmedämmung
Sickerplatten
Erdreich

Betonwand (mit Perimeter-dämmung)

λ W/mK	k - Wert in W/(m²·K) bei Dämmschichtdicke in cm				
	12	14	16	18	20
0,050	0,37	0,32	0,28	0,25	0,23
0,045	0,33	0,29	0,26	0,23	0,21
0,040	0,30	0,26	0,23	0,21	0,19
0,035	0,27	0,23	0,20	0,18	0,17
0,030	0,23	0,20	0,18	0,16	0,14
0,025	0,20	0,17	0,15	0,13	0,12

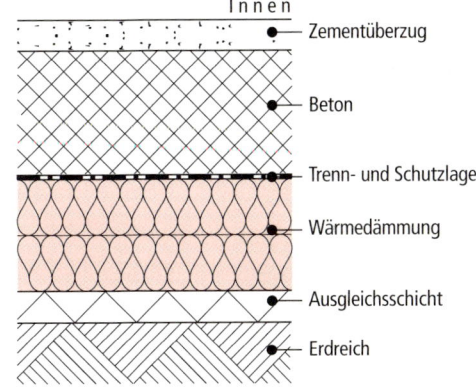

Innen
Zementüberzug
Beton
Trenn- und Schutzlage
Wärmedämmung
Ausgleichsschicht
Erdreich

Betonboden (kaltseitig gedämmt)

Transparente Wärmedämmungen nutzen zwei gegenläufige Effekte zur Verminderung des Heizenergiebedarfs – Dämmung und Energiedurchlass. Die Dämmung reduziert den Wärmeverlust durch die Wand von innen nach aussen, die Transparenz ermöglicht die Gewinnung von Solarwärme. Die Technik ist dabei so alt wie die transparenten Materialien selbst, und jeder lichtdurchlässige Wärmeschutz ist im eigentlichen Wortsinn als TWD zu bezeichnen.

Zwei Anwendungsmöglichkeiten sind von Bedeutung: Zum einen kann die auf einer Aussenwand montierte TWD den Heizenergiebedarf wesentlich reduzieren, da der Wärmegewinn durch solare Einstrahlung grösser ist als bei einer lichtundurchlässigen Wärmedämmung. Die zweite vielversprechende Anwendung ist die Kombination der TWD mit einem aktiven System, beispielsweise mit einem Sonnenkollektor.

Die *klassische TWD-Wandkonstruktion* ist nach aussen mit einer Glasscheibe abgeschlossen. Zwischen diesem Witterungsschutz und der Speicherwand liegt die eigentliche transparente Wärmedämmschicht, die mit einem Rahmen auf der schwarz gestrichenen Wand – die als Absorber dient – befestigt wird. Wabenstrukturen aus transparenten Kunststoffen haben sich als Wärmedämmschicht in vielen Anlagen bewährt und gelten heute als das klassische TWD-Material schlechthin. Dabei sorgen parallele, senkrecht zur Speicherwand angeordnete Röhrchen dafür, dass das Licht in Richtung Absorber geführt wird und dort Wärme erzeugt. Dadurch erhält die angrenzende Wand eine raumseitige Temperatur von 20 bis 35°C. Subjektiv wird eine TWD-Wand daher als grossflächige Niedertemperaturheizung empfunden – eine aufgeklappte Bodenheizung sozusagen. Gleichzeitig reduziert die in den Röhrchen ruhende Luft den Wärmestrom von innen nach aussen. Der bilanzierte Wärmegewinn über einen m^2 Südfassade beträgt je Heizperiode rund 100 kWh. (Von den Energiegewinnen wurden dabei die Energieverluste während strahlungsfreier Zeiten bereits abgezogen. Der Bruttogewinn liegt höher.) Um den Wärmegewinn zu begrenzen, ist bei dieser Konstruktion ein Sonnenschutz unverzichtbar. Mit Kosten von rund 900 DM pro m^2 ist sie jedoch rund dreimal so teuer wie ein konventioneller Wärmeschutz.

Eine *neuere Entwicklung* sind *transparente Wärmedämmverbundsysteme* (TWDVS). Bei diesen wird eine transparente TWD-Kapillarplatte bereits werkseitig auf der Aussenseite mit einem Vlies und einem transparenten Glasputz versehen. Die so entstandene TWD-Bauplatte wird dann mittels schwarzem Absorberkleber direkt auf der Wand fixiert. Überhitzung wird hier nicht durch aktive Verschattungssysteme vermieden, sondern durch den um 10 bis 20% geringeren vertikalen Energiedurchlass, den deutlich geringeren Lichtdurchlass bei flachen Einfallswinkeln, und schliesslich durch eine bedarfsangemessene Dimensionierung. Besondere Vorteile dieses Systems sind die Wartungsarmut durch Verzicht auf bewegliche Teile, sowie die geringeren Kosten von 450 bis 600 DM pro m^2.

TWD eignet sich wegen der erforderlichen Wärmespeicherfähigkeit der Aussenwand generell nur für Massivbauten. Ihre Stärke zeigt sich vor allem bei der Sanierung von Altbauten. Die besten Resultate erzielen TWD-Wände in kalten und sonnigen Regionen.

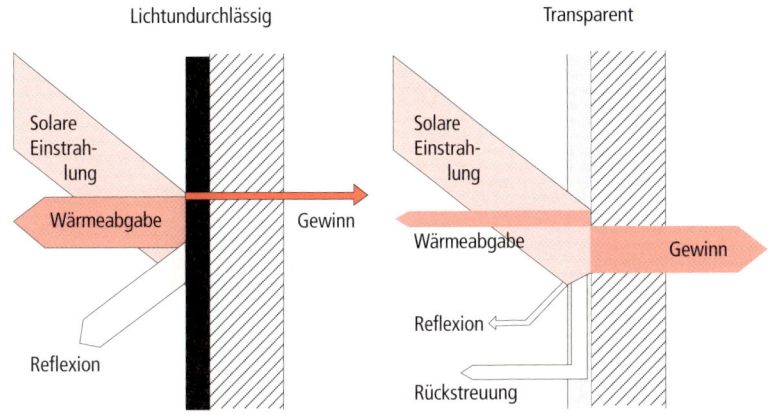

Lichtundurchlässig

Solare Einstrahlung

Wärmeabgabe

Gewinn

Reflexion

Transparent

Solare Einstrahlung

Wärmeabgabe

Gewinn

Reflexion

Rückstreuung

Vergleich der transparenten Wärmedämmung mit der lichtundurchlässigen Wärmedämmung.

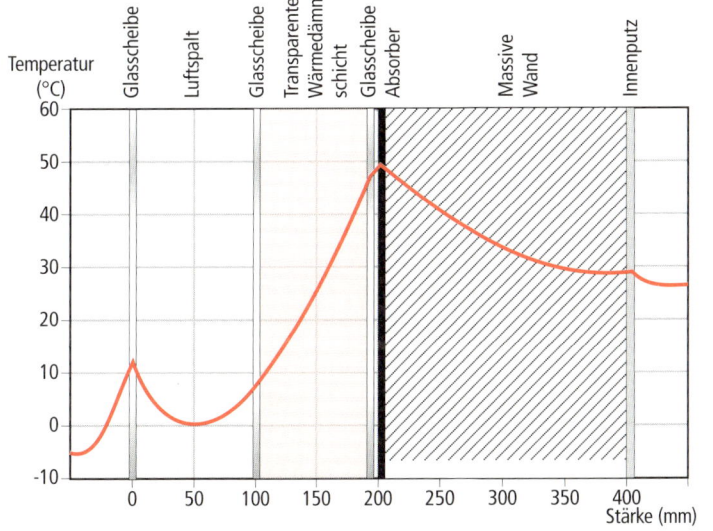

Temperatur (°C)

Glasscheibe
Luftspalt
Glasscheibe
Transparente Wärmedämmschicht
Glasscheibe
Absorber
Massive Wand
Innenputz

60
50
40
30
20
10
0
-10

0   50   100   150   200   250   300   350   400
Stärke (mm)

Temperaturverlauf in einer transparent gedämmten Wand (in °C).

Unten:
TWD-Material und TWD-Energiefassaden

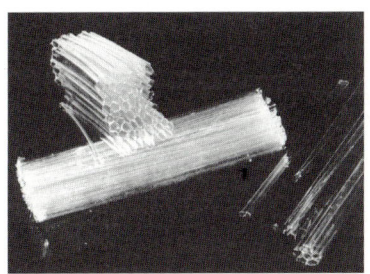

Fenster haben in der Regel einen rund dreimal höheren Wärmeverlust (je Flächeneinheit) als die übrigen Aussenbauteile. Dabei ist – energetisch betrachtet – die Verglasung gegenüber dem Rahmen der bessere Teil des Fensters. Die Rahmen bringen lediglich Verluste, die zudem noch grösser sind als diejenigen der Verglasung. Auf der Gewinnseite – passive Nutzung von Sonnenenergie – ist nur die Verglasung wirksam. Aus diesen Gründen sind einige grosse Fenster im Haus vielen kleinen vorzuziehen. Bis zu einem Scheibenzwischenraum von 15 mm bei Luft als Füllgas, bis 12 mm bei Argon und bis zu 8 bis 10 mm Scheibenabstand bei Krypton erhöht sich die Dämmwirkung. Liegen die Scheiben weiter auseinander, wird durch die einsetzende Konvektion, d.h. die Füllgasumwälzung von der warmen zur kalten Seite, zunehmend Wärme von der inneren zur äusseren Scheibe transportiert. Darum hat ein grösserer Abstand keine bessere Dämmwirkung zur Folge.

Moderne Wärmeschutzverglasungen sind beschichtet, wodurch das Emissionsvermögen der Glasoberflächen von 84% (bei unbeschichtetem Fensterglas) bis auf 4% reduziert wird. Dadurch werden die Wärmeverluste deutlich vermindert. Da Edelgase wie Argon oder Krypton die Wärme schlechter leiten als Luft, vermindern sie als Füllstoff im Scheibenzwischenraum zusätzlich die Verluste durch Wärmeleitung. Ein k-Wert von 0,5 W/$(m^2 \cdot K)$ ist heute höchster Stand der Technik. Je besser jedoch die Verglasung wird, desto mehr gilt es, die Aufmerksamkeit auf den Fensterrahmen und den Fensteranschlag zu richten. Eine Lösung besteht in gedämmten Fensterrahmen. Und auch die wärmetechnische Verbesserung des Randverbundes – der die Scheiben zusammenhält und die Scheibenzwischenräume abdichtet – gewinnt an Bedeutung. Denn die klassischen metallenen Abstandhalter bilden effektive Wärmebrücken.

Die wichtigsten Wärmebrücken: Die Abstandhalter eines Fensters bestehen in der Regel aus Aluminium. Aufgrund der hohen Wärmeleitfähigkeit tragen Aluminiumelemente bei einem üblichen Holzfenster mit sehr guter Verglasung mit etwa 20% zu den Fenster-Wärmeverlusten bei. Abstandhalter aus Edelstahl bieten nur eine geringfügige Verbesserung. Eine vielversprechende Lösung bieten Abstandhalter aus polymerem Kunststoff, in der Regel aus Polycarbonat. Ein Problem ist jedoch die zu hohe Wasserdampfdurchlässigkeit des Kunststoffs, die wiederum durch hauchdünne Metallfolien reduziert werden kann. In jüngster Zeit erlangte Prüfzeugnisse verschiedener Hersteller für derartige Randverbundsysteme führten dazu, dass namhafte Glashersteller ihre Wärmeschutzverglasungen zunehmend hiermit ausrüsten lassen, und die Fensterbauer hierfür die üblichen Garantien geben.

Beim Übergang zwischen Blendrahmen und Wandkonstruktion ist darauf zu achten, dass sich die Dämmebene des Fensters in die Dämmschicht der Wand einfügt. Liegen die Fenster nicht in der Dämmschichtebene der Wand, müssen die Laibungen gedämmt werden. Ansonsten entstehen grosse Wärmeverluste.

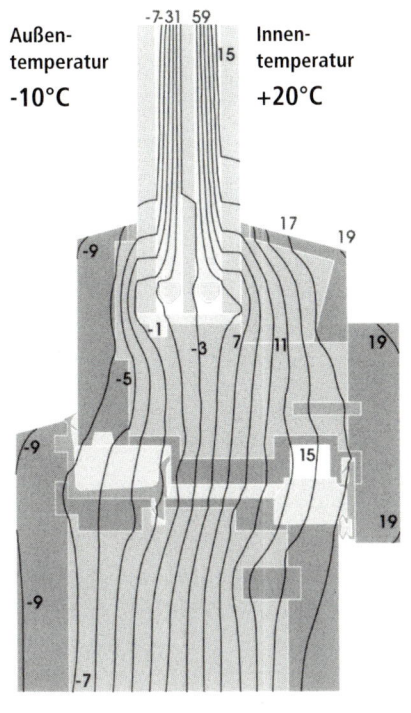

Außen-
temperatur
-10°C

Innen-
temperatur
+20°C

Wärmegedämmte
Fensterrahmen aus
Holz-PU-Verbund er-
reichen einen k-Wert
von 0,5 W/m²K.
Zusammen mit einem
optimierten Isolierglas-
Randverbund machen
sie aus dem Fenster
eine Energiegewinn-
fläche.
Quelle: Fa. eurotec,
Zeltingen-Rachtig.

Anzahl Scheiben	Füllung des Scheiben-zwischenraumes	Abstand zwischen d. Scheiben	Bautiefe der Ver-glasung	k-Wert W/m²K	g-Wert	Lichtdurch-lässigkeit
3	Xenon	8 mm	29 mm	0,4	0,42	64%
3	Krypton	10 mm	33 mm	0,5	0,42	64%
3	Krypton	9 mm	31 mm	0,7	0,51	67%
2	Xenon	8 mm	16 mm	0,8	0,57	76%
2	Argon, Krypton	16 mm	24 mm	1,0	0,57	76%
2	Krypton	10 mm	18 mm	1,1	0,65	78%
2	Argon, Krypton	16 mm	24 mm	1,1	0,65	78%
2	Argon	20 mm	28 mm	1,2	0,65	78%
2	Argon	16 mm	24 mm	1,3	0,65	76%
2	Argon	18 mm	26 mm	1,3	0,65	78%
2	Argon	16 mm	28 mm	1,3	0,63	78%
2	Argon	14 mm	22 mm	1,4	0,65	78%
2	Argon	12 mm	20 mm	1,5	0,65	78%
2	Luft	20 mm	28 mm	1,5	0,65	78%

Angebot an Wärme-
schutzverglasungen der
schweizerisch-deut-
schen Firma Glas
Trösch. Angegeben
sind die Anzahl Schei-
ben, die Füllung des
Scheibenzwischenrau-
mes, der Abstand zwi-
schen den Scheiben
und die Bautiefe der
Verglasung sowie der
k-Wert in Watt pro m²
Scheibenfläche und
Kelvin, der g-Wert –
Gesamtenergiedurch-
lass in % – und die
Lichtdurchlässigkeit
in %.

Da die besten Fenster bei Einsatz auf der Südseite inzwischen ebenso geringe Wärmeverluste wie Fassaden haben, lassen sich die Fensterflächen dort nach Wunsch vergrössern. Die neugewonnene Gestaltungsfreiheit wird allerdings eingeschränkt durch die mechanischen Beschattungssysteme, die zur Verhinderung von sommerlicher Überhitzung nötig sind. Diese beeinträchtigen das Erscheinungsbild der Gebäude, sind teuer und störungsanfällig.

Erwünscht wäre also ein System mit integriertem Sonnenschutz - ein Fenster, das sich vom Sonnenfänger in eine Sonnenbrille verwandeln kann. An solchen Fenstern arbeitet das Fraunhofer Institut für Solare Energiesysteme in Freiburg, zusammen mit Firmen wie BASF und Interpane.

Mit speziellen Beschichtungen wollen die Forscherinnen und Forscher erreichen, dass die solare Heizung mit Hilfe von Wärmeschutzgläsern im Sommer „abgestellt" werden kann. Vielversprechend sind Versuche mit Wolframoxid-Beschichtungen im Scheibenzwischenraum, die es möglich machen, ein normales Fensterglas sehr schnell in ein tiefblaues Glas zu verwandeln, wobei die Durchsicht erhalten bleibt. Eingefärbt wird die Wolframoxid-Schicht durch ein mit wenig Wasserstoff angereichertes Gas (zum Beispiel Stickstoff). Damit das Fenster wieder hell wird, reicht eine Spülung mit Luftsauerstoff. Durch Sensoren, auf eine bestimmte Strahlungsintensität eingestellt, lassen sich die Schaltvorgänge automatisch auslösen.

Ebenfalls in Entwicklung steht ein Fenster, das direkt auf die Sonneneinstrahlung reagiert. Dafür sorgt eine Schicht aus zwei Komponenten mit unterschiedlichem Brechungsindex (zum Beispiel zwei verschiedene Kunststoffe). Bei tiefen Temperaturen sind die Substanzen so vermischt, dass die Schicht homogen und durchsichtig ist. Steigt die Temperatur über einen einstellbaren Wert, bildet sich eine Kornstruktur, die das Licht reflektiert - die Schicht wird undurchsichtig wie Milchglas.

Fensterglas mit Wolframoxid-Beschichtung im entfärbten (oben links) und im gefärbten Zustand (oben rechts).
Das Fenster unten links wird dank einer Schicht aus Kunststoffpartikeln mit unterschiedlichem Brechungsindex ab einer bestimmten Temperatur undurchsichtig wie Milchglas (unten rechts).
Bilder: Institut für solare Energiesysteme der Fraunhofer Gesellschaft, Freiburg.

Wärmebrücken verbinden beheizte Innenräume energetisch mit unbeheizten Gebäudebereichen bzw. mit dem Aussenraum und sind dadurch die Ursache für Wärmeverluste. Deshalb ist bei der konstruktiven Detailausbildung von An- und Abschlüssen, Übergängen und Durchdringungen besondere Sorgfalt erforderlich. Durch den stärkeren Wärmeabfluss in der Umgebung von Wärmebrücken werden die raumseitigen Oberflächen an den entsprechenden Stellen kälter als die umgebenden Flächen. So kann es zur Bildung von Kondenswasser und in der Folge zu Schimmelbefall kommen. Bauteile können durch Tauwasser sogar zerstört werden – auch tragende. Die äussere Oberfläche von Wärmebrücken ist dagegen wärmer als sonstige Oberflächen. Daher sind Wärmebrücken von aussen leicht nachzuweisen. Im Dach kann man sie an Tagen mit Reifbildung oder leichtem Schneefall sogar mit blossem Auge an den abgetauten Flächen erkennen.

Zur groben Unterscheidung können Wärmebrücken in geometrische und konstruktive Wärmebrücken eingeteilt werden. Geometrische Wärmebrücken sind Stellen, an denen im Verhältnis zur Innenfläche mehr Aussenfläche vorhanden ist – Beispiele dafür sind Gebäudeecken. Durch die Annäherung der Hausform an eine Kugel, könnten diese Wärmeverluste theoretisch vermieden werden. In der Praxis werden sie durch kompakte, we-

nig zergliederte Baukörper mit nur wenigen Aussenecken vermindert. Konstruktive Wärmebrücken sind Stellen, an denen aus funktionalen Gründen ein Bauteil durch ein schlechter dämmendes ersetzt wird – etwa Rolläden- oder Briefkästen – oder wo eine feste statische Verbindung zwischen Zonen unterschiedlicher Temperatur notwendig ist. Solche Wärmeverluste kann man minimieren, baupraktisch aber nicht ganz verhindern.

Im Massivbau können Wärmebrücken aus schweren und damit stark wärmeleitenden Materialien wie Metall, Beton, Kalksandstein oder Klinker sehr schnell sehr viel Energie nach aussen transportieren. Beispiele sind die Verbindung von Betonbalkonplatten oder Podestplatten zur Betondecke oder Klinkerauflager auf die Kellermauer. Im Leichtbau sind Wärmebrücken mit grosser Wirkung weniger zu erwarten. Denn bei Niedrigenergiehäusern werden nur selten einschalige Konstruktionen mit von innen nach aussen durchlaufenden Holzteilen in Form von Holzständern oder Dachsparren ausgeführt.

Die häufigsten Wärmebrücken im Wohnhaus.

Hier geht Energie verloren

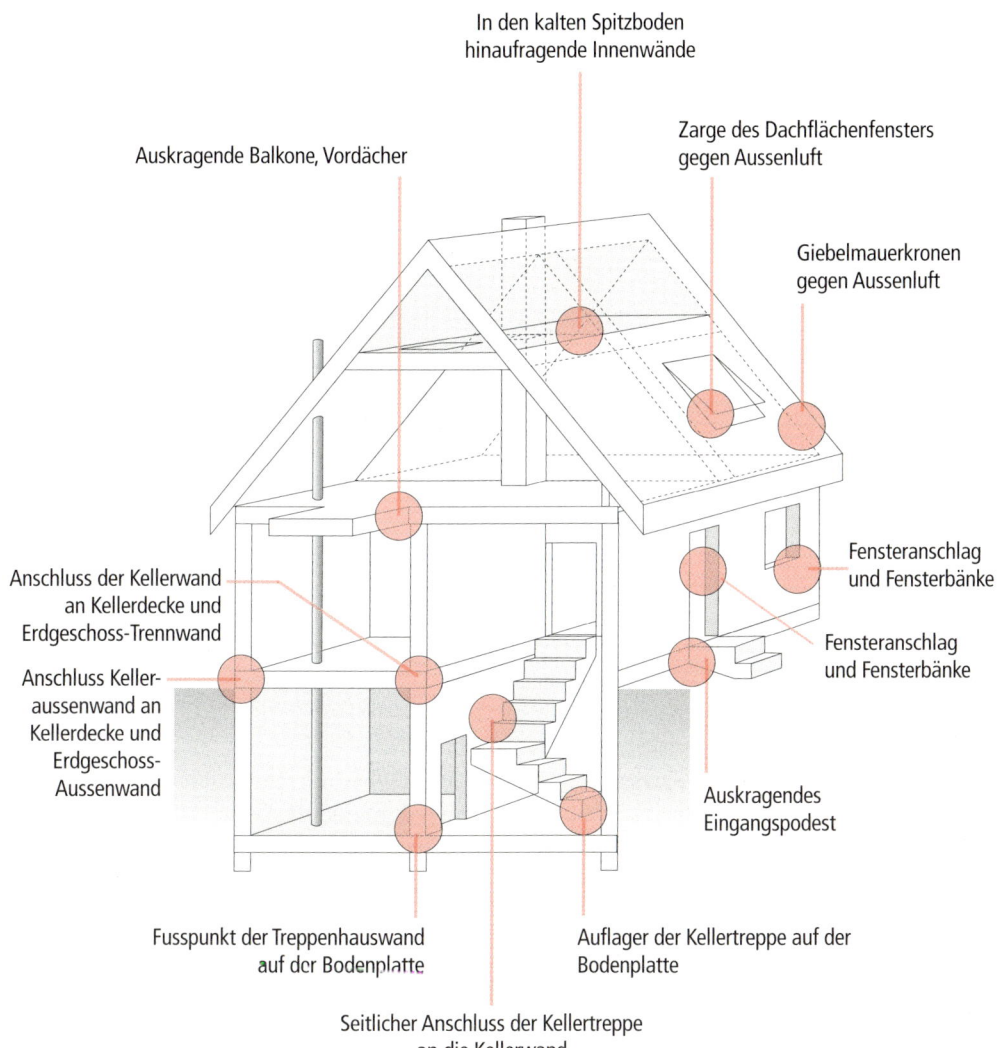

In den kalten Spitzboden
hinaufragende Innenwände

Zarge des Dachflächenfensters
gegen Aussenluft

Auskragende Balkone, Vordächer

Giebelmauerkronen
gegen Aussenluft

Anschluss der Kellerwand
an Kellerdecke und
Erdgeschoss-Trennwand

Fensteranschlag
und Fensterbänke

Anschluss Keller-
aussenwand an
Kellerdecke und
Erdgeschoss-
Aussenwand

Fensteranschlag
und Fensterbänke

Auskragendes
Eingangspodest

Fusspunkt der Treppenhauswand
auf der Bodenplatte

Auflager der Kellertreppe auf der
Bodenplatte

Seitlicher Anschluss der Kellertreppe
an die Kellerwand

- *Die Aussenwand* durchdringende Betondecken sind auch dann Wärmebrücken, wenn sie an ihrer Ober- oder Unterseite gedämmt sind. Vermieden werden können diese Wärmebrücken nur mit einer durchgehenden, in der Stärke unverminderten Aussendämmung oder einer durchgehenden Kerndämmung der Aussenwand.

- *Auskragende Baukörper* wie verglaste Balkone, Loggien usw. sollten vollständig ausserhalb des gedämmten Bereiches liegen. Eher uneffizient ist die vollständige „Verdämmung" dieser Bauteile. Mit Vorteil sind sie vom gedämmten Bereich vollständig energetisch – und auch baulich – getrennt. Bei Häusern mit Aussendämmung empfiehlt sich eine separate statische Aufhängung beziehungsweise Aufständerung der Balkonplatte.

- *Im Sockelbereich* sind Wärmebrücken sehr häufig. Kellerdecken, die zwecks Speicherung passiver Solarenergiegewinne kellerseitig gedämmt sind, dürfen auf keinen Fall durchgehend konstruiert sein. Zur Vermeidung solcher Wärmebrücken zieht man die Aussendämmung bis unter die Hausplatte herunter.

- Zwischen einer nur oberseitig gedämmten und damit *kalten Kellerdecke* und der untersten Steinreihe aller warmen Innenmauern besteht auf der gesamten Länge und in ihrem Effekt eine entsprechend grosse Wärmebrücke. Zur Minimierung der Verluste können die Wände auf einer Reihe Porenbeton-Steine gemauert werden. Diese leichten Steine, quasi als „Fundament" für die aufgehenden Wände, leiten die Wärme schlecht.

- *Ungedämmte Fensterlaibungen* sind besonders leistungsfähige Wärmebrücken, weil die Wärme nur einen Teil der Aussenwand überwinden muss. Idealerweise liegen Fenster deshalb in der gleichen Ebene wie die Wanddämmung. Wo dies nicht möglich ist, muss die Laibungsfläche gedämmt sein.

- *Rolladenkästen* sind arge „Energieverbraucher" und tragen ihren schlechten Ruf zu Recht. Aussengedämmte Rolladenkästen verlieren über die Öffnung des Ladens viel Wärme. Besser ist die Innendämmung des Kastens – der Rolladen liegt dann energetisch ausserhalb des Hauses. Auch die eiserne Mechanik zur Betätigung eines Rolladens ist eine Wärmebrücke. Ein aussenliegender Elektromotor vermindert diesen Wärmebrückeneffekt.

- *Verrutschte Dämmschichten* lassen die Wärme passieren. Darum ist zu empfehlen, die Dämmschicht ausreichend anzukleben oder mechanisch zu befestigen. Durchgehende Metallbolzen oder Ankerschrauben sind dabei aber nicht die richtige Lösung. Metallene Befestigungselemente, welche die Dämmschicht durchdringen, sind zu vermeiden.

Typische Wärmebrücken

Typische Beispiele
von Wärmebrücken
im Wohnhaus.

Die Aussenwand
durchdringende Betondecke

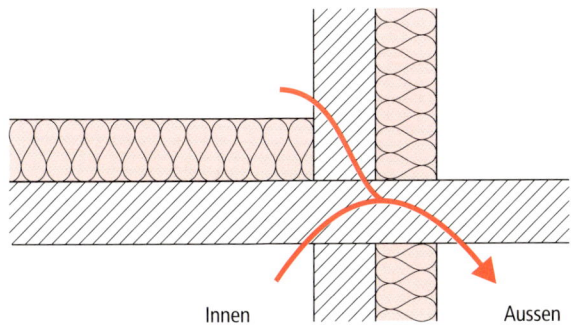

Innen   Aussen

Warme Mauer
auf kalter Kellerdecke

Wohnraum

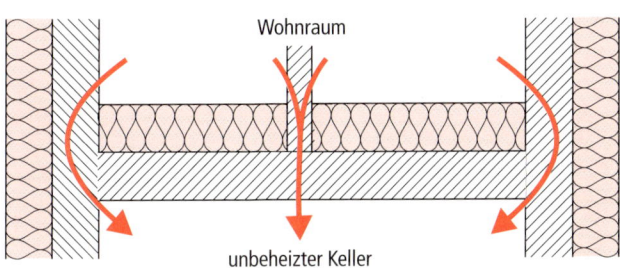

unbeheizter Keller

Ungedämmte Fensterleibung

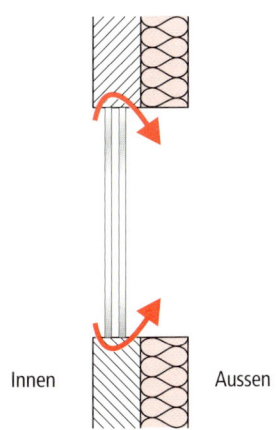

Innen   Aussen

Luftdichte Gebäude sind komfortabler und verbrauchen weniger Heizenergie, da der unkontrollierte Luftaustausch zwischen innen und aussen weitgehend verhindert wird. Die luftdichte Bauweise trägt weiter zur Vermeidung von Feuchteschäden im Bauwerk bei. Offene Bauteilfugen, die Luftbewegungen von innen nach aussen zulassen, in die feuchte Raumluft eindringen und wo bei Abkühlung Tauwasser ausfallen kann, gibt es in einem fachgerecht erstellten Niedrigenergiehaus nicht. Die Luftdichtheit ist ausserdem die Voraussetzung für einen effizienten Betrieb von Lüftungsanlagen – vor allem von solchen mit Wärmerückgewinnung, da sie unkontrollierte Zuluftströme in einzelne Räume unterbindet.

Zwischen innen und aussen herrschen Luftdruckunterschiede, die zu unkontrolliertem Luftaustausch führen. Indem warme Luft im Haus nach oben steigt, entsteht im oberen Teil des Gebäudes ein Überdruck, durch den die warme Luft bei Undichtigkeiten nach aussen gedrückt wird. Gleichzeitig führt dieser Effekt im unteren Gebäudeteil zu einem Unterdruck, der bewirkt, dass kalte Aussenluft durch Fugen nach innen strömt. Wind führt zu einem erhöhten Druck auf der windzugewandten Seite des Hauses, der die Aussenluft regelrecht ins Gebäude hinein drückt. Auf der windabgewandten Seite hingegen erhöht ein Unterdruck das Ausströmen der Raumluft. Ein innerer Überdruck entsteht aber auch durch die Erwärmung eingeströmter Kaltluft.

Besonders Holzleichtbauweisen haben konstruktionsbedingt viele hundert Meter Bauteilfugen und Bauteilanschlüsse, die es mit geeigneten Materialien abzudichten gilt – Holzwerkstoffplatten, Gipskartonplatten, Polyethylenfolien oder Baupappen. Und auch die beim Massivbau beliebte „atmende" Aussenwand wird erst in der notwendigen Weise luftdicht, wenn sie ohne Unterbrechungen beidseitig verputzt wird. Raumseitig günstig ist beispielsweise ein Gipsputz von etwa 15 mm Stärke, da er Feuchtigkeit speichern und so Schwankungen der Luftfeuchtigkeit ausgleichen kann.

Die Übergänge von Massiv- zu Leichtbauteilen in der Gebäudehülle fordern vom Planer und Handwerker komplizierte und häufig unterschätzte Detaillösungen. Neben Sparrenanschlüssen und Durchbrüchen für Fenster, Türen und Kamine stellen auch verdeckte Elektro- und Sanitärinstallationen potentielle Leckagequellen dar.

Häufige Stellen mit Luftundichtigkeiten im Wohnhaus.

Potentielle Lecks in der Bauhülle

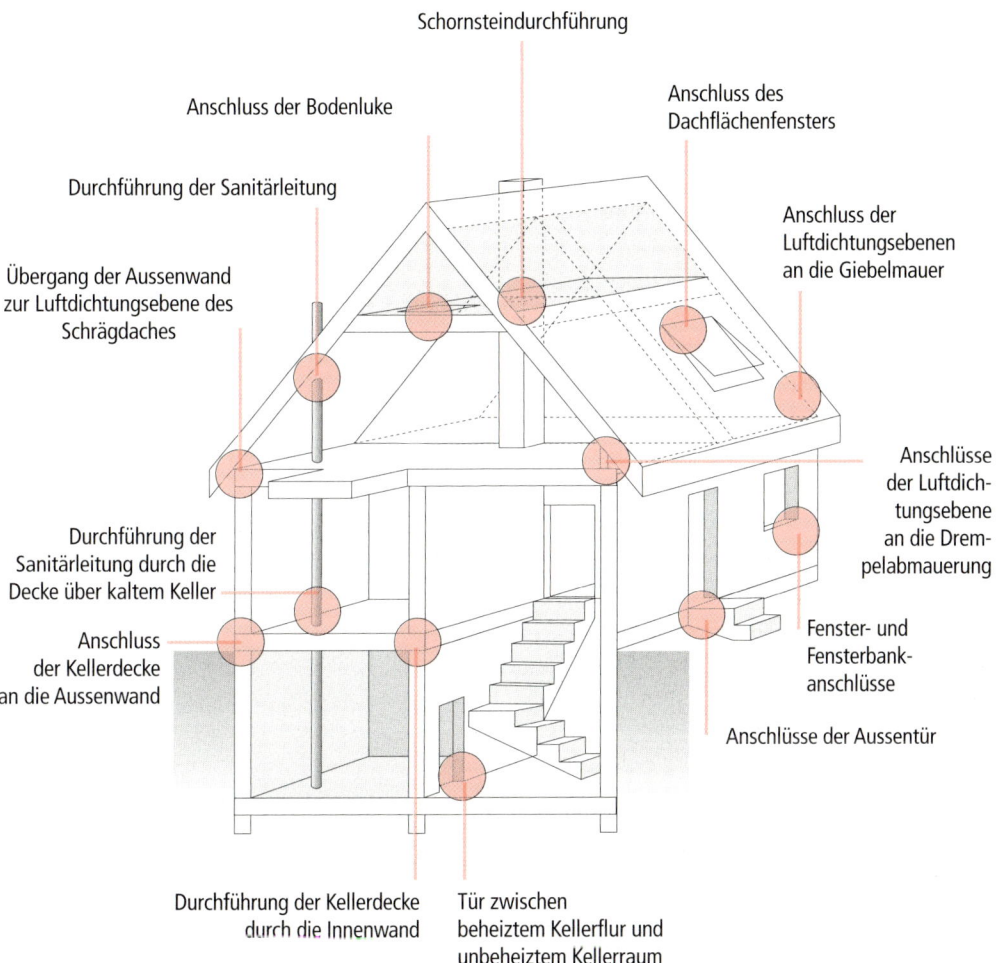

Schornsteindurchführung

Anschluss der Bodenluke

Anschluss des Dachflächenfensters

Durchführung der Sanitärleitung

Anschluss der Luftdichtungsebenen an die Giebelmauer

Übergang der Aussenwand zur Luftdichtungsebene des Schrägdaches

Anschlüsse der Luftdichtungsebene an die Drempelabmauerung

Durchführung der Sanitärleitung durch die Decke über kaltem Keller

Anschluss der Kellerdecke an die Aussenwand

Fenster- und Fensterbankanschlüsse

Anschlüsse der Aussentür

Durchführung der Kellerdecke durch die Innenwand

Tür zwischen beheiztem Kellerflur und unbeheiztem Kellerraum

Luftdichtheit II

Die Luftdichtheit eines Gebäudes lässt sich messen, und zwar mit dem sogenannten Blower-door-Test. Ein Gebläse erzeugt dabei eine Luftdruckdifferenz zwischen dem Gebäudeinnern und der Aussenluft. Als Maßstab für die Dichtheit wird die Luftwechselrate n_{L50} – angegeben in 1/h – gemessen. Sie gibt die Luftmenge an, die – im Verhältnis zum Volumen des Hauses – durch Undichtigkeiten pro Stunde nachströmt, wenn im Gebäude ein Unterdruck von 50 Pascal herrscht. Vorbildlich gedichtete Bauten erreichen n_{L50}-Werte zwischen 0,2/h und 1,5/h. Unter „normalen" Bedingungen liegt dann die Restluftwechselrate – bei geschlossener Lüftungsanlage – nach dem Entwurf zur EN 832 um einen Faktor 10 bis 20 unter der beim Blower-door-Test ermittelten n_{L50}-Zahl. Damit ergibt sich bei vorbildlich gedichteten Gebäuden eine Restluftwechselrate zwischen 0,01/h und 0,15/h führen.
Bei einer solchen Dichtheitsmessung mit der Blower-door können Schwachstellen mit hoher Luftdurchlässigkeit durch „Abtasten" der inneren Gebäudehüllfläche mit einem Gerät zur Luftgeschwindigkeitsmessung geortet werden.

Voraussetzung für das Erreichen hoher Luftdichtheit ist eine sorgfältige Planung. Es wird empfohlen, die kritischen Details zeichnerisch darzustellen – insbesondere in den Raumecken, an den Stössen beziehungsweise Fugen und im Bereich der Fensteranschlüsse. Die planmässige und sorgfältige Ausführung der dichtenden Hülle muss überwacht werden. Baupraktisch wird die Luftdichtheit durch die Dichtheit aller Hüllflächen erreicht, die das innere, beheizte Volumen vom Aussenraum abgrenzen, sowie die sorgfältige luftdichte Abdichtung aller Fugen und Anschlüsse, dieser Flächen untereinander und der zu durchdringenden Bauteile und Installationen.

Als Materialien für die luftdichtende Schicht bieten sich entweder Aluminium- oder besser Polyethylen-Folien an. Alternativ können auch plattenförmige Bekleidungen wie Gipskartonplatten oder Holzwerkstoffplatten gewählt werden. Bei der Wahl von Folien ist auf eine sorgfältige Verklebung der einzelnen Bahnen untereinander zu achten. Erfolgt die Verklebung nicht über einem festen Untergrund, kann der für die wirksame Verklebung erforderliche Anpressdruck nicht sicher aufgebracht werden und die Klebestelle bleibt längerfristig nicht dicht. Damit nicht beim Einbau der Installationsleitungen die Luftdichtheitsschicht nachträglich beschädigt wird, sollte dafür ein Installationsraum vorgesehen werden. Sofern an den Wänden keine Leitungen geführt werden müssen, kann die innere Luftsperre auch aus vollflächig verlegten Gipskartonplatten bestehen.

Typische Leckagen im Wohnhaus

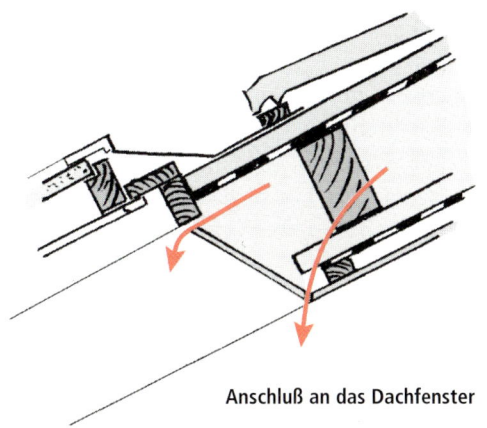

Anschluß an das Dachfenster

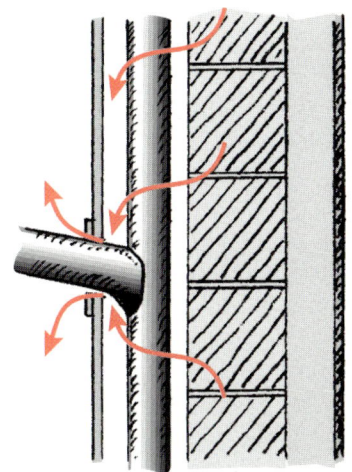

Sanitär- oder Lüftungsinstallationen vor einer Aussenwand

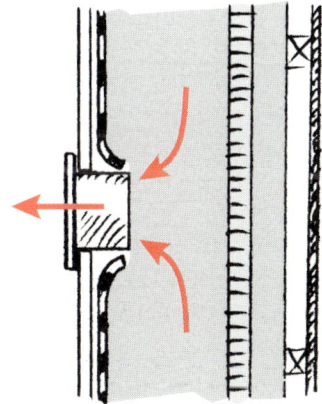

Steckdose in Leichtbauwand

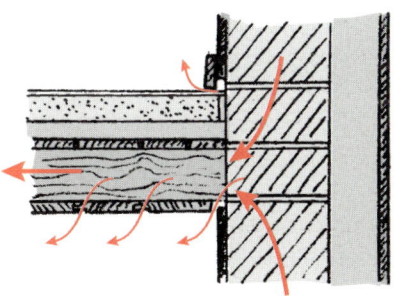

Anschluss einer Holzbalkendecke an eine gemauerte Wand

20 Tips, wie man Fehler vermeidet

Die Vermeidung von Fehlern auf der Baustelle eines Niedrigenergiehauses verlangt nach einer ganzen Palette von Massnahmen; Voraussetzung ist auf jeden Fall eine enge und gute Zusammenarbeit mit den Beteiligten, mit Behörden, mit Handwerkern und Lieferanten.

- Vielfach sind die beauftragten Handwerker nicht mit den geplanten Konstruktionen vertraut oder sie reproduzieren ihre "eigene" Lösung. Vor dieser Gefahr sind auch und vor allem die gut ausgebildeten Berufsleute nicht gefeit. Viele Berufe verfügen über eine lange Tradition, die sich auch tatsächlich über Jahrzehnte oder gar Jahrhunderte bewährt hat, die sich aber nicht ohne weiteres auf die Niedrigenergiebauweise übertragen lässt. Zimmerleute sind dafür ein typisches Beispiel. Vertrauen ist zwar gut, sollte aber durch regelmässige Kontrollen ergänzt werden.
- Die bauüblichen Abnahmen, an denen eine genau definierte Arbeit durch den Bauleiter oder die Bauleiterin abgenommen wird, sind als Kontrollen sehr gut geeignet. Eine durchgehende Präsenz auf der Baustelle erübrigt sich dadurch.
- Die Kontrollpraxis durch Abnahmen hat Auswirkungen auf die Planung: Es sind Konstruktionen zu bevorzugen, die sich mit "abnahmefähigen" Arbeiten realisieren lassen.
- Das Fundament für eine gute Bauausführung wird in der praxisgerechten Planung gelegt! Viele Konstruktionen machen sich auf dem Plan gut, sind aber in der Ausführung höchst problematisch.
- Die gröbsten Fehler werden gewöhnlich in den Bereichen Luftdichtheit, Wärme- und Schallbrücken gemacht. Wer sein Gebäude mit einem Blower-door-Test prüfen lassen will, sollte sich vor Baubeginn das Unterschreiten eines n_{L50}-Wertes von 0,6/h von der Bauleitung vertraglich zusichern lassen. Dieses Vorgehen und der Test selbst sind in jedem Fall anzuraten, da die Luftdichtheit von Niedrigenergiehäusern oftmals nur auf dem Papier steht.
- Die Applikation der Dampfbremse (kombiniert mit der Luftdichtheitsschicht) von unten bei einem bereits aufgerichteten Dachstuhl ist schwierig und äusserst fehleranfällig. Zudem ergeben sich viele ungeschützte Durchdringungen. Eine konsequente, aber auch teure Lösung ermöglicht der Aufbau von zwei Dachstühlen, einem Arbeitsdachstuhl, auf dem die Dampfbremse zu liegen kommt, und dem darüber liegenden Hauptdachstuhl.
- Bei der Fenstermontage von innen ist eine Kittfuge zwischen Blendrahmen und Mauerleibung zu verlangen; je nach Ansprüchen verschwindet die Fuge später unter Gips oder anderen Abdeckmaterialien. Die Kittfuge ist ein Beispiel für eine abnahmeorientierte Kontrollpraxis.
- Fenster werden relativ häufig fehlerhaft angeliefert. Ein besonders folgenreicher Mangel besteht in der "verdrehten" Montage der Verglasung in die Flügelrahmen. Die Beschichtung einer Wärmeschutzverglasung liegt auf der nach aussen gewandten Oberfläche der inneren Scheibe. Wer ganz sicher gehen will, überprüft dies bei völliger Dunkelheit mit einer Kerze. Die Spiegelung des Kerzenlichtes in den beiden Scheiben zeigt die Lage der Beschichtung.
- Als Material für die Abstandhalter im Glasrandverbund eignet sich Chromstahl besser als Aluminium; und Kunststoff noch deutlich besser als Chromstahl. Trotz präziser Bestellung werden aber häufig Fenster mit Alu-Haltern auf die Baustelle gebracht.

- Wärmebrücken entstehen vor allem an Stellen, an denen Kräfte durch Wärmedämmschichten geführt werden. Dies gilt für alle Befestigungselemente, aber auch für Sparren und Balken, für Ständer und Binder. Grosse Kräfte wirken zwischen Haus und Fundament; entsprechend sorgfältig ist dieses Detail zu lösen. Tip: Es gibt druckbeständige Elemente, die hohen Wärmedämmanforderungen genügen. Auf wärmebrückenfreie Kragplattenanschlüsse ist besonders zu achten.
- Einer Faustregel gemäss hebt eine Wärmebrücke die Wirkung der Wärmedämmung im Umkreis von einem Meter auf!
- Vorgehängte, hinterlüftete Fassaden sind ein Thema für sich. Viele Unterkonstruktionen sind derart mit Wärmebrücken behaftet, dass der Einsatz für Niedrigenergiehäuser mehr als fraglich ist. Die Verankerung der Unterkonstruktion in das Mauerwerk oder den Beton hat mit Kunststoffelementen zu erfolgen. Zwischen Konsolen und Verankerungsgrund sind thermische Trennelemente einzulegen.
- Lufthinterspülte Wärmedämmschichten reduzieren die Dämmwirkung drastisch.
- Traue keinem Kleber! Jede Klebung ist mechanisch zu sichern, beispielsweise durch eine Abschlussleiste. Der Grund: Eine ausreichende Lebensdauer des Klebers ist keineswegs gesichert. Entsprechend sind geklebte Wärmedämmplatten mechanisch zu verankern, vorzugsweise mit Kunststoffdübeln. Platten streifenweise kleben, nicht punktweise.
- Auf den Schallschutz zwischen Reihenhäusern ist besonders zu achten. Eine starre Verbindung zwischen den Häusern macht die Schalldämmung zunichte (Telefonieeffekt).

- Eine wichtige Anforderung betrifft die Trennmauer zwischen zwei Reiheneinfamilienhäusern, wenn diese in Sandwich-Bauweise ausgeführt wird. Häufig werden die beiden Mauern und die dazwischenliegende Wärmedämmschicht schrittweise hochgezogen: ein Stück Mauerwerk, Dämmplatten bis auf die gleiche Höhe einschieben, dann zweites Mauerwerk, usw. Dabei fällt Mörtel auf die Dämmplatten, viele wirkungsvolle Schallbrücken sind die Folge. Wenn es sich um Aussenwände handelt, erzeugt der Fallmörtel Wärmebrücken. Lösung: Erste Mauer vollständig fertigstellen und von Mörtelresten befreien. Danach Wärmedämmplatten aufbringen und vollflächig mit Kunststofffolie oder zumindest die Stösse mit Klebband abdecken; erst dann wird die zweite Mauer hochgezogen.
- Besondere Aufmerksamkeit verlangt der Randbereich von schwimmendem Estrich (Unterlagsböden); bei unsorgfältigem Abschluss wird die Trittschalldämmung gewissermassen wirkungslos.
- Alle Leitungsdurchführungen sind genau zu kontrollieren, dort entstehen Wärme- und Schallbrücken.
- Rohre für die Elektro-Installation sind nach dem Einzug der Leitungen beidseitig zu verkitten. Dies gilt insbesondere für Rohre, die von warm nach kalt führen, die beispielsweise eine elektrische Verbindung zur Hausklingel oder zur Aussenbeleuchtung herstellen. In diesen Rohren entsteht Kondenswasser – Wärmebrücken und Luftlecks sind das ohnehin!
- Lüftungskanäle übertragen Schall! Bei einer baumartigen Struktur des Kanalnetzes lässt sich ohne Schalldämm-Massnahmen innerhalb der Kanäle zwischen den Zimmern kommunizieren.

Solarenergie nutzen

30 Solarstrahlung – wie nutzen?
    Vorteile der passiven Sonnenenergienutzung   68

31 Lasst den Sonnenschein herein   70
    Direktgewinn über die Fenster

32 Den Sommer verlängern   72
    Wintergärten

33 Solarstrahlung – wie speichern?   74
    Der Speicherprozess

34 Allzu viel Sonnenenergie ist ungesund   76
    Beschattung und sommerlicher Wärmeschutz

Vorteile der passiven Sonnenenergienutzung

Seit es Häuser gibt, hat die Sonne ihren Anteil an der Deckung des Wärmebedarfs. Augenfällig wird dies zum Beispiel bei alten Bauernhäusern mit Kastenfenstern, in denen sich bei Sonnenschein die Luft zwischen den Scheiben aufwärmt. Durch geschicktes Öffnen und Schliessen der inneren Fensterflügel pflegen die Bewohner diese Wärme in ihre Stuben zu locken. Später kamen neue Techniken der passiven Sonnenenergienutzung hinzu. Immer gehört aber zur Solararchitektur eine gute Wärmedämmung der gesamten Gebäudehülle, kombiniert mit grosszügigen Südfenstern als Sonnenfänger. Bei modernen Niedrigenergiehäusern sind diese oft raumhoch, während die übrigen Fassaden kaum Fenster aufweisen.

Neuste Erkenntnisse relativieren jetzt allerdings die Bedeutung der Sonne als Wärmelieferantin. Messprojekte an Solarhäusern haben gezeigt, dass eine hervorragende Wärmedämmung der Gebäudehülle viel mehr zur guten Energiebilanz beiträgt als die solaren Gewinne – die Verminderung der Heizenergieverluste ist also wichtiger als die Optimierung der Sonnenernte. Soll man sich also künftig auf die Dämmung konzentrieren und der Sonnenenergienutzung weniger Bedeutung beimessen? Nein, es sollte beides sein: Die gute Dämmung reduziert den Heizenergieverbrauch auf ein Minimum, und die Solararchitektur macht das Haus behaglicher. Wenn die Sonnenstrahlen in der kühleren Jahreszeit schräg durch die grossen Südfenster fallen, wenn die Wärme in Böden und Wänden gespeichert und in den langen Nacht- und Schattenstunden sachte wieder an die Wohnräume abgegeben wird, spüren Bewohnerinnen und Bewohner die Vorteile einer nach der Sonne ausgerichteten Bauweise hautnah. Den Luxus an Licht und Weite, der ihnen die Solararchitektur bietet, möchten sie fortan nicht mehr missen.

Grossflächige, mehrfach verglaste Südfenster sind die einfachste Form der passiven Sonnenenergienutzung. Ebenfalls beliebt sind Wintergärten und transparente Wärmedämmung. Die transparente Wärmedämmung wird in Kapitel 22 behandelt, die anderen zwei Varianten der passiven Nutzung werden auf den folgenden zwei Doppelseiten vorgestellt.

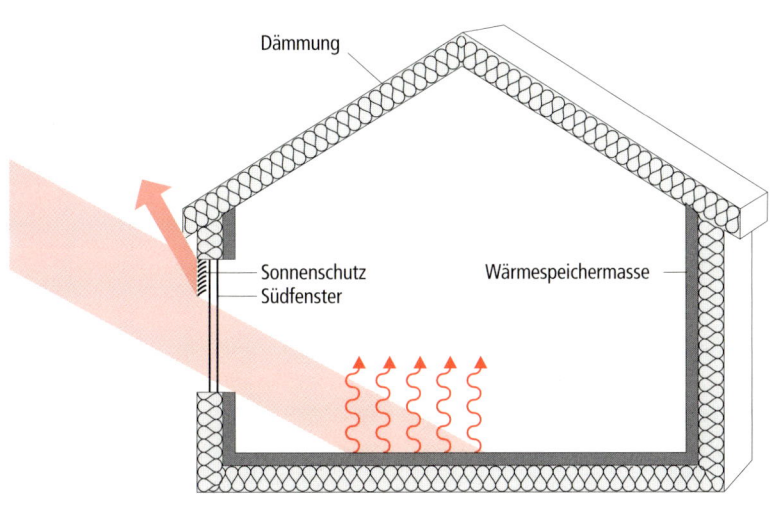

Dämmung

Sonnenschutz
Südfenster

Wärmespeichermasse

Die Grafik zeigt die wichtigsten Komponenten der passiven Sonnenenergienutzung. „Passiv" bedeutet, dass die Nutzung der Sonnenenergie nicht aktiv mittels technischer Einrichtungen wie etwa Kollektoren erfolgt, sondern durch die Eigenschaften des Hauses selbst – die Südfenster werden sozusagen zum Kollektor, Wände und Böden zum Wärmespeicher.

Der Energiebeitrag der Sonne darf nicht überschätzt werden: Bei hohem Glasanteil der Südfassade und entsprechend grossem Solargewinn reduziert sich der Heizenergiebedarf nur geringfügig (Quelle: Forschungsstelle für Solararchitektur, Eidgenössische Technische Hochschule Zürich). Dies liegt daran, dass bei hohem Glasanteil auch im Winter an sonnigen Tagen Temperaturen erreicht werden können, die ein Ablüften erforderlich machen: zusätzliche Solargewinne sind nicht mehr nutzbar.

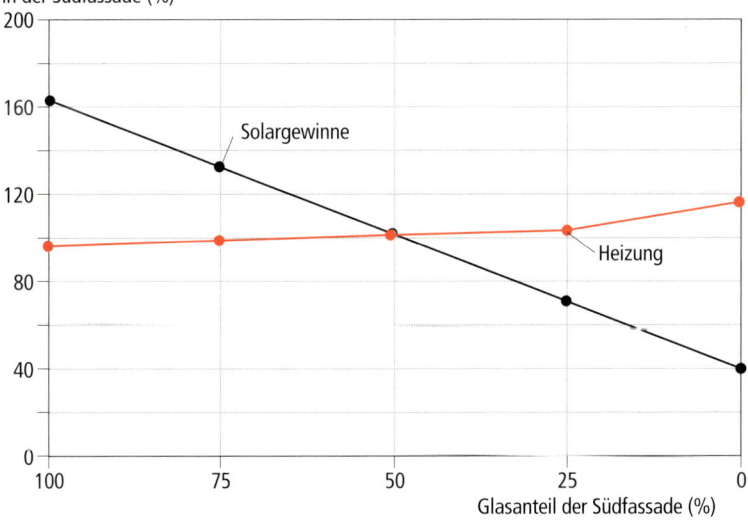

Heizenergiebedarf (%)
in Abhängigkeit des Glasanteiles
in der Südfassade (%)

Direktgewinn über die Fenster

Südfenster sind das wichtigste Element, um Solarenergie zur Temperierung des Hauses zu nutzen. Ihre genaue Orientierung sollte dem lokalen Klima angepasst sein. In Gebieten mit häufigem Morgennebel ist eine leichte Westorientierung, bei auffälliger Nachmittagsbewölkung eine Ostorientierung – jeweils höchstens 10° Abweichung von Süden – vorteilhaft. Bei einer weiteren Drehung bis etwa 45° nach Osten steigt der Jahresheizenergiebedarf zunächst nur sehr langsam, bei einer weiteren Drehung nach Westen jedoch rasch an, weswegen insbesondere letztere vermieden werden sollte. Der Grund für diese Asymmetrie ist, dass während der Übergangszeit die Morgensonne Beiträge zur Aufheizung nach der Nachtabsenkung liefern und so die geringeren Gewinne zur Zeit der Wintersonnenwende teilweise ausgleichen kann. Die optimale Grösse der Fenster ist durch die Speicherfähigkeit des Gebäudes bestimmt. Als Faustregel gilt: Die Fensterfläche sollte ein Viertel der zugeordneten Boden-Speicherfläche nicht übersteigen.

Südfenster sollten so ausgebildet sein, dass das Sonnenlicht im Winter weit in die Räume eindringen kann und dort möglichst grosse, speicherfähige Flächen bestrahlt (z.B. Betonböden mit Stein- oder Tonplattenbelag). Tiefe Fensterstürze, hohe Brüstungen und breite Fensterbänke behindern die Einstrahlung. Zur Verbesserung des Strahlungseinfalls sind die Fensterlaibungen möglichst anzuschrägen. Dieses Prinzip ist an alten Bauten in Bergregionen noch heute sichtbar.

Während beim Niedrigenergiehaus vor allem der k-Wert der Fenster interessiert, hat beim Solarhaus zusätzlich der sogenannte g-Wert Bedeutung. Er sagt aus, welcher Anteil der aussen auf das Fensterglas auftreffenden solaren Strahlungsenergie ins Innere gelangt, und zwar durch Strahlung und – zu einem kleineren Teil – durch sekundäre Wärmeabgabe. Diese Wärmeabgabe ergibt sich daraus, dass das Glas als Folge der Sonneneinstrahlung selbst erwärmt wird und nun seinerseits Wärme nach innen und aussen abgibt. Erwünscht ist im Solarhaus ein hoher g-Wert der Verglasung (eine hohe Ausbeute der auf das Glas auftreffenden Strahlungsenergie) und ein tiefer k-Wert, also ein möglichst geringer Wärmeabfluss von innen nach aussen. Priorität hat immer der tiefe k-Wert. So hat eine Isolierverglasung zwar einen g-Wert von rund 0,75 (d.h. 75% der auftreffenden Strahlung kommen dem Raum energetisch zugute), während eine Zweifach-Wärmeschutzverglasung nur einen g-Wert von 0,6 bis 0,65 erreicht. Die grösseren Gewinne des Isolierglases können jedoch die im Vergleich zur Wärmeschutzverglasung doppelt so hohen Wärmeverluste im Klima Mitteleuropas bei weitem nicht kompensieren.

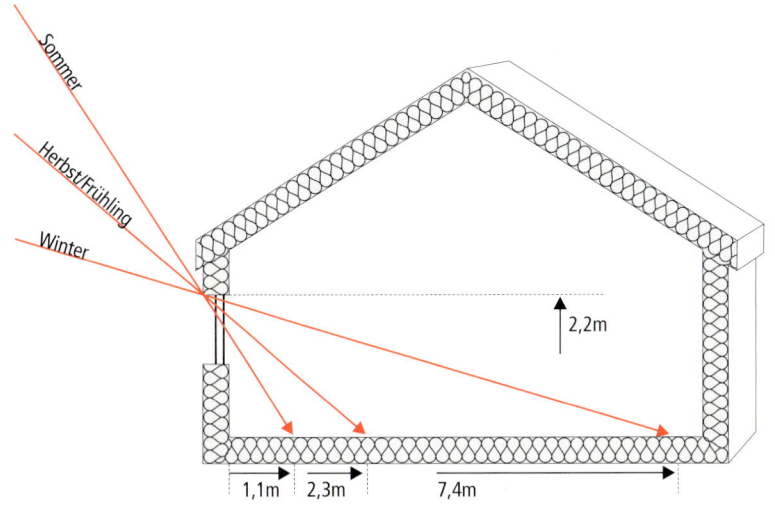

Sommer

Herbst/Frühling

Winter

2,2m

1,1m   2,3m   7,4m

Die Grafik zeigt die Eindringtiefe von Sonnenstrahlen durch ein südorientiertes Fenster in Abhängigkeit der Jahreszeit. Standort Wiesbaden (50° nördliche Breite); Fenstersturz auf 2,2 m Höhe (Quelle: Impuls-Programm Hessen, Hessisches Ministerium für Umwelt, Energie, Jugend, Familie und Gesundheit).

Das überregional bekannte Sonnenhaus des Architekten Schneider-Wesseling ("Kapelle").

Wintergärten

Die Vorstellung der breiten Öffentlichkeit, der Bau eines unbeheizten Wintergartens sei eine wirksame Massnahme zur Energiegewinnung, entbehrt jeder wissenschaftlichen Grundlage. Das Missverständnis liegt darin begründet, dass ein Wintergarten auf zwei verschiedene Arten genutzt werden kann. Wer einen Wintergarten als Sonnenkollektor plant, baut und betreibt, kann tatsächlich für das Haus verwertbare Sonnenenergie ernten, sieht sich aber in der Benutzung des gläsernen Anbaus stark eingeschränkt. Ein guter Sonnenkollektor ist eben nicht bewohnbar! Wer umgekehrt ein behagliches Klima im Glashaus anstrebt, muss einen erheblichen Teil der Sonnenwärme weglüften. In diesem Fall ist die Energiebilanz ungefähr neutral – der Wintergarten benötigt also keine zusätzliche Heizenergie, liefert über's Jahr gerechnet aber auch keinen wesentlichen solaren Wärmegewinn. Dagegen erhöht ein Wintergarten die Wohnqualität: mehr Licht, mehr Raum und mehr Naturkontakt. Während rund 40% der Tagesstunden lässt sich der (unbeheizte) Wintergarten bei behaglicher Temperatur bewohnen.

Zwischen den beiden solaren Nutzungstechniken „Wintergarten" und „Direktgewinn durch Südfenster" besteht im passiven Solarhaus eine Konkurrenz, da der südseitige Wintergarten die Möglichkeiten des Direktgewinns schmälert. Energiebewusste Planer setzen den Wintergarten deshalb auf die West- oder Ostseite und schaffen damit eine freie Fassade für die Südfenster.

Manchmal kann eine Kombination des Wintergartens mit einer mechanischen Lüftung (Zuluft aus dem Wintergarten in das Haus) oder mit einem Ventilationssystem, das die Wärme aus dem Glashaus in angrenzende Räume schafft, sinnvoll sein. Bei der Bewertung des möglichen Energiegewinns sind jedoch die zusätzlichen Kosten und der zusätzliche Energieverbrauch des Ventilators einzubeziehen.

Einen Wintergarten gut planen heisst:

- geringe Bautiefe anstreben,
- wenn möglich mehrere Geschosse einbeziehen,
- Wärmeschutzverglasung bevorzugen, auch zur thermischen Trennung zwischen Wintergarten und Wohnbereich,
- bei Metallkonstruktionen thermisch entkoppelte Profile wählen,
- Positionierung auf der Ost- oder Westseite wählen, wenn andernfalls auf Südfenster verzichtet werden müsste, ,
- bei Holzkonstruktionen für ausreichenden Holzschutz sorgen,
- durch geeignete Öffnungen Querlüftung möglich machen,
- Speichermasse in Boden oder Hauswand vorsehen,
- Pflanzen wählen, die leichte Fröste überstehen,
- guten Sonnenschutz einplanen.

Einen wesentlichen
solaren Wärmegewinn
bringen Wintergärten
kaum, dafür ein Plus
an Wohnqualität: mehr
Licht, mehr Raum,
mehr Naturkontakt.
Besonders attraktiv
sind zwei- und dreige-
schossige Glasanbauten
(Bilder Ernst Schweizer
AG).

33 Solarstrahlung – wie speichern?

Der Speicherprozess

Ziel der Wärmespeicherung im Haus ist es, einen Teil der eingestrahlten Sonnenenergie für strahlungsärmere Perioden aufzubewahren. Dadurch wird der Solargewinn besser genutzt und der Heizenergieverbrauch sinkt. Umgekehrt können im Sommer die Speichermassen nachts durch Lüftung gekühlt werden und tagsüber einen Teil der zuviel eingestrahlten Wärme absorbieren, was ein ausgeglicheneres Innenklima zur Folge hat.

Die solare Strahlung tritt also durch die Fenster ein und trifft im Raum auf speicherfähige Bauteile, die sich erwärmen. Ein Teil der Strahlung wird jedoch an der Oberfläche reflektiert und trifft auf andere Bauteile. Dort wiederholt sich der Vorgang. Je höher die spezifische Wärmekapazität und die Wärmeleitfähigkeit der Baumaterialien ist und je dunkler die direkt bestrahlten Flächen sind, desto höher ist der Anteil der direkten Einspeicherung. Dies ist günstig für das Raumklima, da dieser direkte Speichervorgang nur eine geringe Erhöhung der Lufttemperatur mit sich bringt. Nach Ende der solaren Einstrahlung, wenn die Speichertemperatur höher ist als die Raumlufttemperatur, setzt dann der Rückfluss von Wärme ein. Auf diese Weise erfolgt die gewünschte Verlagerung der tagsüber reichlich eingestrahlten Sonnenenergie auf die Abend- und Nachtstunden. Auch die Überbrückung einiger Schlechtwettertage ist in Häusern mit genügend Speichermasse möglich.

Hinweise für die bauliche Gestaltung: Für die Speicherwirkung von Bauteilen sind in der Regel die raumseitig oberen 5 bis 10 cm Materialstärke entscheidend. Gut geeignet sind massive Innenwände aus Kalksandstein, Gips oder Beton. Die grösste Bedeutung innerhalb des Speicherkonzepts kommt jedoch meistens dem Fussboden zu, da in den südorientierten Räumen grosse Teile des Bodens direkt von der Sonne beschienen werden. Dem Bestreben des Energieplaners, einen Bodenaufbau mit hoher Speicherfähigkeit (Stein- oder Keramikplatten) zu realisieren, steht allerdings oft der Wunsch nach einem fusswarmen Bodenbelag entgegen. Warme Beläge wie Teppiche oder Parkettböden behindern jedoch die Wärmespeicherung nachhaltig. Das mag wohl ein Grund sein, dass sich viele Bewohner von Niedrigenergiehäusern auf die guten alten Birkenstock-Sandalen mit bekanntlich hervorragenden Dämmeigenschaften verlassen...

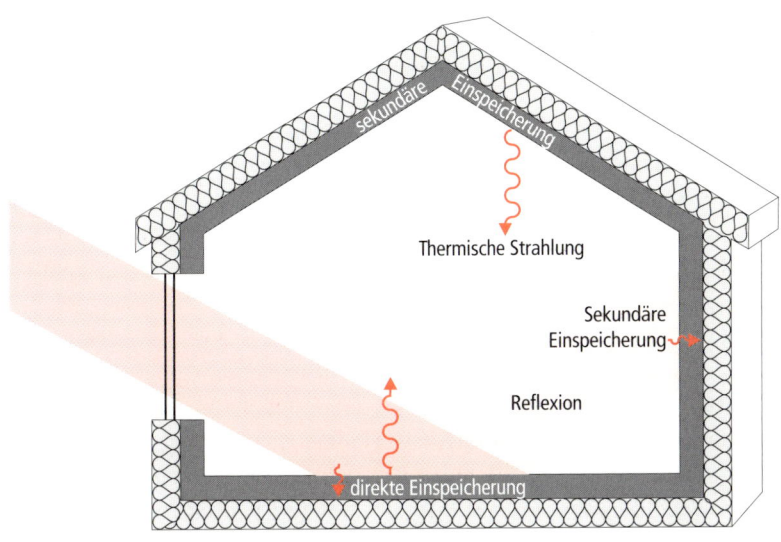

Thermische Strahlung

Sekundäre
Einspeicherung

Reflexion

direkte Einspeicherung

Dunkle Steinplatten und andere geeignete Materialien führen zu einem hohen Anteil direkter Einspeicherung und geringer Reflexion. So erwärmen sich während der Sonneneinstrahldauer wie gewünscht Böden und Wände statt der Raumluft.

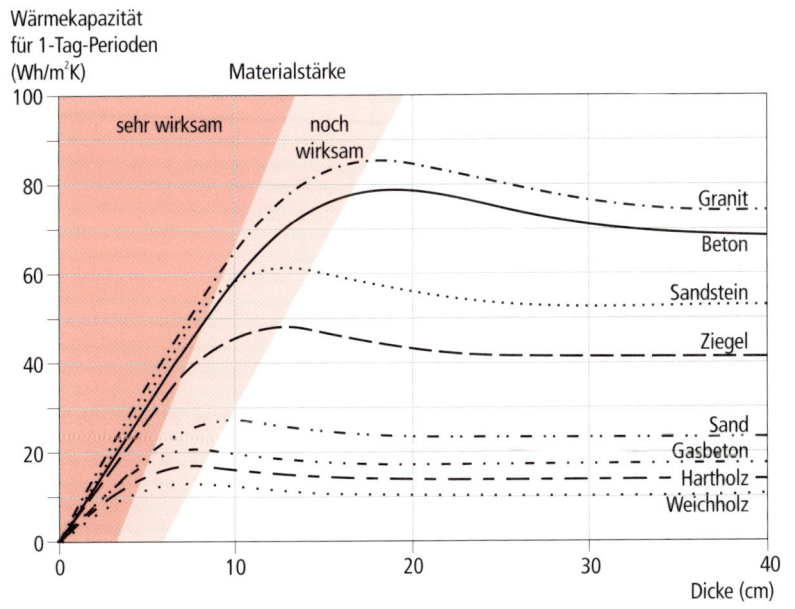

Wärmekapazität
für 1-Tag-Perioden
(Wh/m²K)

Materialstärke

sehr wirksam   noch wirksam

Granit
Beton
Sandstein
Ziegel
Sand
Gasbeton
Hartholz
Weichholz

Dicke (cm)

Die Grafik zeigt die Wärmespeicherfähigkeit verschiedener Baumaterialien. Entscheidend sind die raumseitig oberen 5 bis 10 cm Materialstärke (Quelle: Energiegerechtes Bauen und Modernisieren, Birkhäuser Verlag, 1996).

Allzu viel Sonnenenergie ist ungesund

Beschattung und sommerlicher Wärmeschutz

Im Sommer sind die solaren Wärmegewinne über die Südfenster unerwünscht. Solange die Aussenluft kühl genug ist, kann überschüssige Wärme einfach durch Lüften abgeführt werden. Für sehr warme Tage ist jedoch bei grösseren Fenstern ein Sonnenschutz notwendig. Dieser Sonnenschutz kann feststehend oder beweglich sein. Das gebräuchlichste Mittel zur Verhinderung einer Überhitzung des Gebäudes ist die Verschattung der Südfenster durch Dachüberstände und Balkonvorsprünge. Die Abbildung oben gibt Hinweise für eine sinnvolle Dimensionierung. Solche Überstände bewirken, dass im Winter, wenn die Strahlen schräg einfallen, die Sonne das Fenster wie erwünscht erreichen kann, während es bei hohem Sonnenstand im Sommer weitgehend verschattet ist. An trüben Wintertagen nehmen solche fixen, d.h. fest installierten Verschattungssysteme allerdings Licht weg und führen zu unnötig dunklen Räumen. Ein rasterförmiger Aufbau, der einen Teil des natürlichen Lichts durchlässt, kann dieses Problem verringern.

Im Gegensatz dazu lassen sich bewegliche Beschattungseinrichtungen temporär einsetzen und individuell bedienen. Zur Auswahl stehen Jalousien, Markisen und vertikale Lamellen. Sie werden in der Regel auf der Aussenseite angebracht (Innenstoren dienen vorwiegend dem Blendschutz, während sie die Räume nur unzureichend vor Überhitzung bewahren). Fixe Systeme kommen in erster Linie für Südfenster in Frage, wo sie wegen ihrer Wartungsfreiheit bevorzugt verwendet werden. Bewegliche Beschattungseinrichtungen eignen sich besonders für ost- oder westorientierte Fenster. Bei Ihnen kann die verschattende Wirkung durch Verstellen in weiten Grenzen verändert werden. Hell gefärbte Jalousien zeigen zudem bei entsprechender Einstellung eine lichtlenkende Wirkung; Helle Markisen *streuen* einen Teil des Lichts nach innen.

Die Steuerung der Beschattungseinrichtung kann manuell oder automatisch erfolgen, wobei im zweiten Fall die Kosten für einen Sonnen- und Windwächter und die nötige Elektronik zu Buche schlagen.

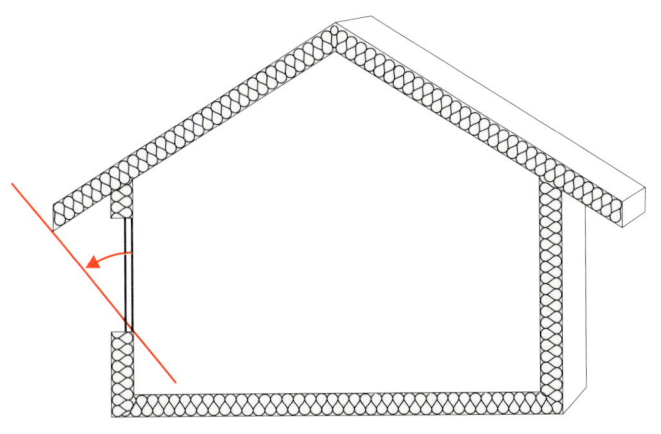

Erforderlicher Beschattungswinkel durch einen Dach- oder Balkonvorsprung in Abhängigkeit von der Fassadenorientierung: Bei grösseren Ost-/West-Orientierungen führen fixe Verschattungen rasch zu unrealistischen Überständen und sind daher nicht mehr sinnvoll (Quelle: M. Zimmermann: Handbuch der passiven Sonnenenergienutzung. SIA-Dokumentation D 010. Zürich, 1986).

Abweichung der Fassade von Süd	0°	+10°	+20°	+25°	+30°
Beschattungswinkel	27°	29°	34°	39°	48°

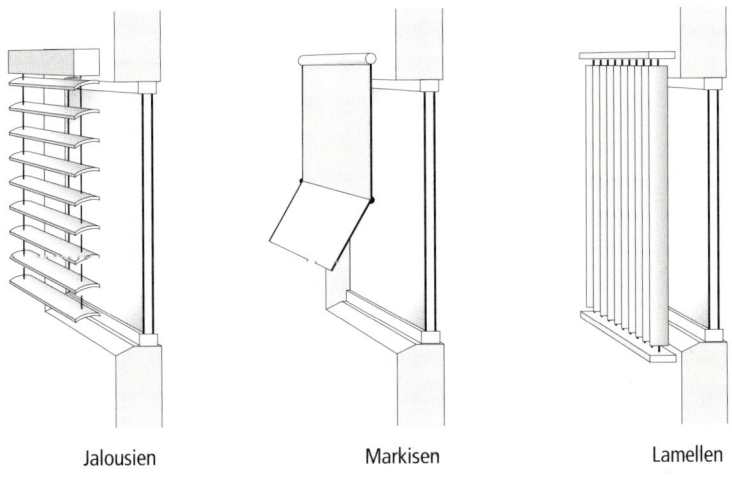

| Jalousien | Markisen | Lamellen |

Beispiele für beweglichen Sonnenschutz: Jalousien, Markisen und Lamellen. Die Lamellen sind um vertikale Achsen drehbar und eignen sich insbesondere zum Sonnenschutz an ost- und westorientierten Fenstern.

Haustechnik: Wohnungslüftung, Heizung und Warmwasser

35 Niedrigenergiehäuser lüften   80
Mechanische Lufterneuerung

36 Kontrollierte Wohnungslüftung   82
Vor- und Nachteile

37 Komponenten einer Lüftungsanlage   84
Kontrollierte Wohnungslüftung II

38 Kosten und Kennzahlen   86
Kontrollierte Wohnungslüftung III

39 Kurze Heizperiode, geringe Heizleistung   88
Wärmeerzeugung I

40 Vor- und Nachteile von Energieträgern   90
Wärmeerzeugung II

41 Wasser oder Luft als Wärmeträger?   92
Wärmeverteilung und Wärmeabgabe

42 Unterschätzter Verbrauchsfaktor   94
Rationelle Warmwassernutzung

43 Erneuerbare Energien bevorzugen   96
Wassererwärmung

Mechanische Lufterneuerung

Beim Ersatz belasteter Raumluft durch Aussenluft entstehen unweigerlich Wärmeverluste. In konventionellen Wohnbauten betragen diese Lüftungswärmeverluste rund ein Drittel des Heizenergiebedarfs. In gut wärmegedämmten Bauten mit entsprechend reduzierten Transmissionswärmeverlusten kann der Anteil aber auf über 50% steigen. Ein wesentlicher Bestandteil einer Niedrigenergie-Strategie besteht deshalb in der Reduktion dieser Wärmeverluste durch Wärmerückgewinnung. Voraussetzung ist die Installation einer Lüftungsanlage.

Was sind die Merkmale der kontrollierten Wohnungslüftung?

• Mechanische Luftförderung: Die für den Luftaustausch zwischen innen und aussen notwendige Druckdifferenz wird mittels Ventilatoren erzeugt.
• Kontrollierte Luftführung: Zuluft und Abluft werden an definierten Stellen in die Wohnung geführt beziehungsweise aus der Wohnung weggeführt.
• Definierte Luftmengen: Der Aussenluftwechsel wird aufgrund hygienischer Kriterien festgelegt.
• Wärmerückgewinnung: Wärme aus der Abluft wird zur Erwärmung der Zuluft genutzt. Die kontrollierte Wohnungslüftung reduziert dadurch den Energieverbrauch gegenüber Fugen- und Fensterlüftung.
• Filterung der Aussenluft: Die Zuluft wird gefiltert in den Raum geführt. Schadstoffimmissionen werden dadurch reduziert.

• Option Wassererwärmung und Heizungsunterstützung: Lüftungsgeräte mit integrierter Abluftwärmepumpe nutzen die in der Abluft enthaltene Abwärme zur Wassererwärmung und Raumheizung.

Lüftungswärmeverluste pro m² Energiebezugsfläche

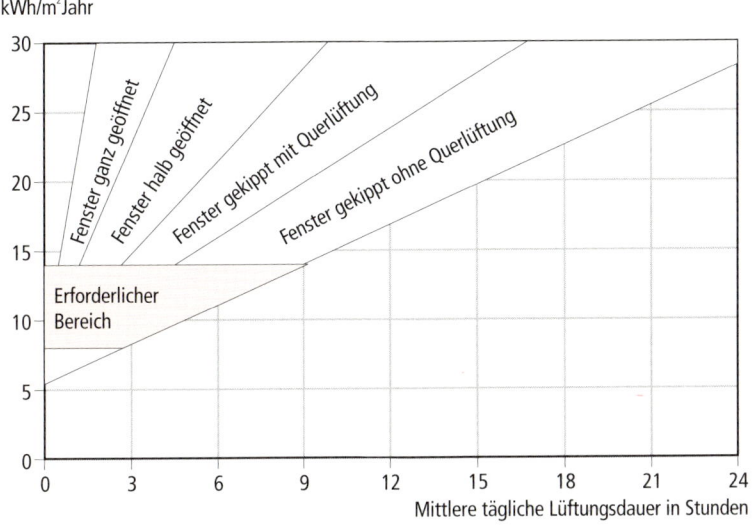

kWh/m²Jahr

Bei der konventionellen Fensterlüftung lässt sich der Luftaustausch schlecht dosieren. Ist das Fenster länger als nötig geöffnet, entstehen hohe Lüftungswärmeverluste.

Spezifischer Heizenergiebedarf von Wohnbauten

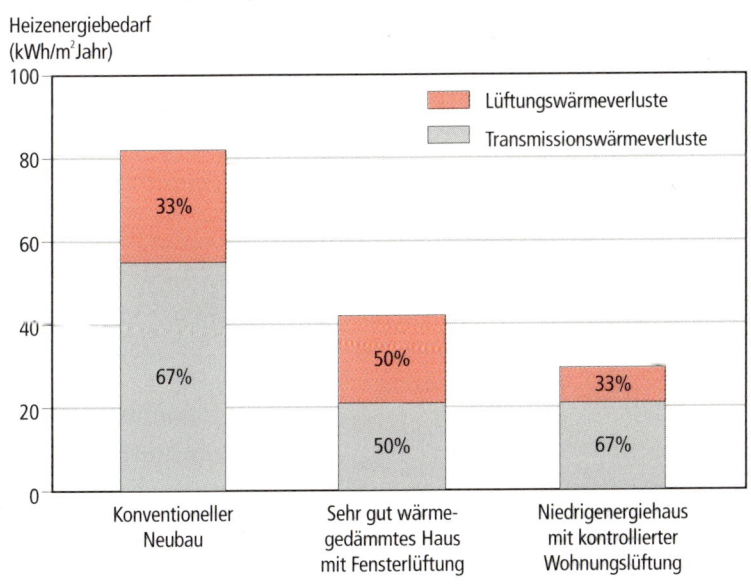

Heizenergiebedarf (kWh/m²Jahr)

Spezifischer Heizenergiebedarf von Wohnbauten: Im Niedrigenergiehaus liegen die Lüftungswärmeverluste gegenüber konventionellen Bauten um den Faktor 3 niedriger.

Kontrollierte Wohnungslüftung I

	Vorteile	Nachteile
Gesundheit	Reduktion der Schadstoffkonzentration in der Raumluft Abführung verbrauchter und feuchter Luft Verhinderung von Schimmelpilz Frischluft zum Schlafen ohne offene Fenster Schallschutz gegen aussen Gefilterte Aussenluft, Schutz für Allergiker	Mögliche Veränderung der Luftionisation
Behaglichkeit	Feuchtigkeitskontrolle im Innenraum Temperaturausgleich im Raum keine Auskühlung durch vergessene offene Fenster keine Zugluft beim Lüften Luftwechsel auch bei Abwesenheit (Ferien)	Ventilatorgeräusche bei ungenügender Ausführung mehr Technik im Haus
Energie	Reduktion des Brennstoffverbrauchs und der Umweltbelastung	Zunahme des Elektrizitätsverbrauches
Wirtschaftlichkeit	Reduktion der Energiekosten kleinere Heizungsanlage dank reduziertem Wärmebedarf Vermeidung von Bauschäden durch Feuchtigkeit Sicherheit durch permanent geschlossene Fenster Wohnwertsteigerung durch Schallschutz und gute Raumluft	Raumbedarf für Anlage und Kanäle Aufwand für Reinigung und Wartung Kosten für Installation und Betrieb

Reduktion des Energieverbrauchs
Eine kontrollierte Wohnungslüftung mit Wärmerückgewinnung reduziert den Heizenergieverbrauch eines Gebäudes um bis zu 25 kWh/(m²·a). Gegenüber konventionellen, gut wärmegedämmten Neubauten resultiert eine Einsparung von 15 bis 25%.

Richtwerte für nutzbare Wärme aus Wohnungsabluft:
Mehrfamilienhaus: 15 bis 25 kWh pro m² und Jahr
Einfamilienhaus: 10 bis 20 kWh pro m² und Jahr

Höherer Komfort
Der Nutzen der kontrollierten Wohnungslüftung geht über die Reduktion des Energieverbrauches hinaus. Hauptargument für eine Lüftungsanlage ist der verbesserte Komfort – gefilterte Raumluft, Schutz vor Schallimmissionen, Wegfall von Zugluft. Die im Gegenzug häufig geäusserte Befürchtung, durch die geschlossenen Fenster würde der Kontakt zur Aussenwelt unterbunden, ist unbegründet, wie Benutzerumfragen zeigen. Die Fenster lassen sich jederzeit öffnen. Als Folge der guten Raumluft ist das Bedürfnis dazu allerdings gering.

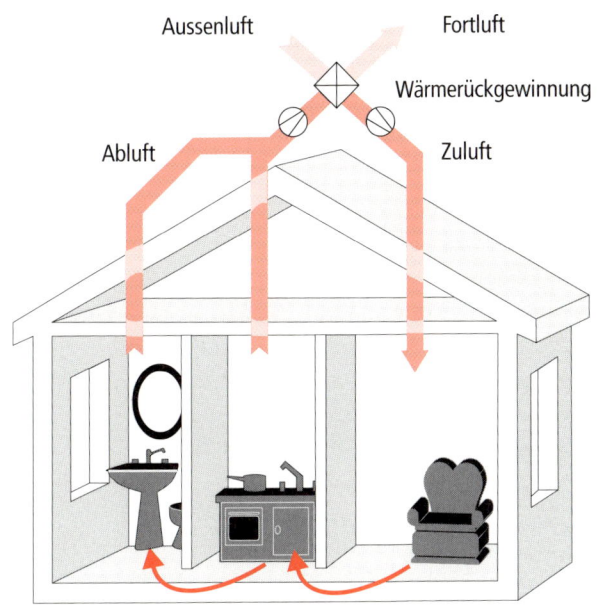

Aussenluft Fortluft

Wärmerückgewinnung

Abluft Zuluft

Prinzip der kontrollierten Wohnungslüftung: Die Aussenluft wird – im Lüftungsgerät vorgewärmt – in die Wohn- und Schlafräume geführt. Die „verbrauchte" Raumluft wird in Küche und Nassräumen abgesaugt; ein Wärmetauscher entzieht der Abluft Wärme und überträgt sie auf die Zuluft.

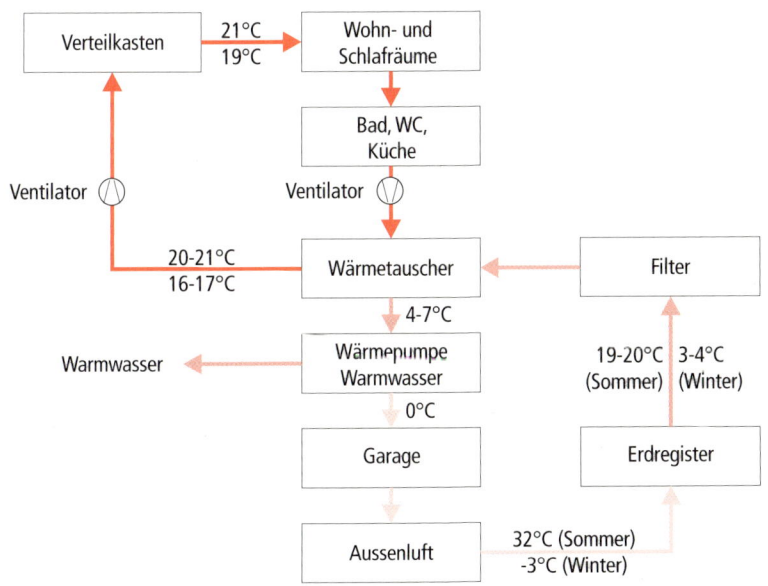

| Verteilkasten | 21°C / 19°C → | Wohn- und Schlafräume |
| | | |

Ventilator

Ventilator

| 20-21°C / 16-17°C | Wärmetauscher | ← | Filter |

4-7°C

Warmwasser ← Wärmepumpe Warmwasser

19-20°C (Sommer) / 3-4°C (Winter)

0°C

Garage — Erdregister

32°C (Sommer) / -3°C (Winter)

Aussenluft

Temperaturverhältnisse in der Zuluft und der Abluft einer Wohnungslüftungsanlage. Die Spezialität in diesem Fall: Nachgeschaltet zum Wärmetauscher entzieht eine Wärmepumpe der Abluft zusätzlich Wärme und erwärmt damit das Warmwasser. Die kalte Abluft wird ausserdem zur Durchlüftung der Garage verwendet.

83

Kontrollierte Wohnungslüftung II

Lüftungsgerät: Kompaktgerät, in dem alle wichtigen Komponenten wie Klappen, Filter, Ventilatoren und Wärmetauscher platzsparend untergebracht sind. Die Montage erfolgt mit Vorteil in einem schallgedämmten Raum, z.B. im Keller oder im Estrich.

Luftkanäle: Rohre und Kanäle aus Kunststoff, Blech oder verstärkter Alufolie. Sie haben beachtliche Ausmasse, was ein einfaches Verlegen erschwert. Im Neubau können sie in Böden, Decken und Wänden eingelegt werden; flache Querschnitte und flexible Rohre ermöglichen „schlanke" Lösungen. Im Sanierungsfall müssen sie zum Teil sichtbar oder über abgehängten Decken montiert werden, was entsprechende Raumhöhen erfordert.

Luftführung: Eingeblasen wird die Zuluft in die Schlaf- und Wohnräume. Abgesaugt wird die verbrauchte Raumluft in der Küche und in den Nasszellen. Einblas- und Absaugöffnungen sind in den verschiedensten Ausführungen erhältlich (Abbildungen). Sie können am Boden, an der Decke oder an den Wänden plaziert werden. Zwischen Einblas- und Absaugöffnungen zirkuliert die Luft frei. Für den Durchgang von einem Raum zum andern müssen Öffnungen – z.B. an der Türschwelle – vorhanden sein.

Luftansaugrohr: Lufteinlass, über den die Aussenluft angesogen wird. Zum Schutz vor Verunreinigung und Schnee sollte die Luftansaugöffnung abseits von Pflanzen und Strassen liegen. Von Vorteil sind kaminähnliche Rohre, die mindestens ein Meter über Boden münden (Abbildung).

Erdregister: Im Erdreich verlegte Luftkanäle, durch die die Aussenluft angesaugt wird, bevor sie zum Lüftungsgerät gelangt. Für den Betrieb einer Lüftungsanlage ist ein Erdregister nicht zwingend, aber von Vorteil: Die Zuluft wird vorgewärmt, die Frostgefahr am Wärmetauscher behoben.

Wärmerückgewinnung: Gerät, das der Raumabluft Wärme entzieht und damit die kalte Zuluft erwärmt: meistens ein Wärmetauscher, manchmal auch eine Wärmepumpe. Die Wärmerückgewinnung spart Energie und ist daher in der Schweiz in den meisten Kantonen Vorschrift. Die Wärmerückgewinnungsrate liegt bei 60 bis 80 %.

Kontrollierte Lüftung versus Klimaanlage

Herkömmliche Klimaanlagen können heizen, kühlen und befeuchten. Diese Vielfalt erfordert den Durchsatz hoher Luftmengen; die Folge sind Zugerscheinungen, die oft als negativ bzw. unangenehm empfunden werden. Anlagen zur kontrollierten Wohnungslüftung sind anders: Sie führen die durch Wärmerückgewinnung annähernd auf Raumtemperatur erwärmte Zuluft mit kleiner Geschwindigkeit in den Raum. Bei richtiger Auslegung ist von einer Luftströmung nichts zu spüren. Befeuchtet oder entfeuchtet wird die Aussenluft nicht. Die Gefahr der Zuluftverschmutzung durch schlecht gewartete Komponenten (insbesondere Filter) bleibt dadurch gering. Durch Wärmeaustausch mit der Abluft und durch Ansaugen der Aussenluft über einen Erdwärmetauscher – auch Erdregister genannt – kann ein erwünschter Kühlungseffekt erreicht werden.

Aussenluft-Ansaugturm einer Lüftungsanlage in einem Niedrigenergie-Mehrfamilienhaus mit 42 Wohnungen. Vor dem Eintritt ins Gebäude wird die Aussenluft in einem Erdregister vorgewärmt.

Die Lüftungsrohre werden häufig in die Geschossdecke eingelegt. Im Hintergrund der Verteilkasten mit integrierten Regelarmaturen.

Ein klassisches Lüftungsgerät mit einem Kreuzstromwärmetauscher zur Wärmerückgewinnung. Die beiden Luftströme werden diagonal durch das Gerät geführt.

Luftdurchlass im Sturzbereich der Türe.

Kontrollierte Wohnungslüftung III

Aussenluftrate: Die Aussenluftrate ist abhängig von der Belegung des Gebäudes. Bei Abwesenheit muss eine geringere Luftmenge ersetzt werden als bei einer Party. Lüftungsanlagen für Niedrigenergiehäuser werden daher in der Regel mit einer zwei- oder dreistufigen Steuerung ausgestattet:

Grundlüftung (bei Abwesenheit): 20 m³/h für die ersten 2½ Zimmer und 20 m³/h für jedes weitere Zimmer
Normallüftung (bei Anwesenheit): 30 m³/h für die ersten 2½ Zimmer und 30 m³/h für jedes weitere Zimmer
Erhöhte Stufe ("Party-Lüftung"): 45 m³/h für die ersten 2½ Zimmer und 45 m³/h für jedes weitere Zimmer

Luftführung
Falls nicht jeder Raum über eigene Zuluft- und Abluftöffnungen verfügt, wird die Frischluft in die Räume mit hohen Luftqualitätsanforderungen und wenigen Belastungsquellen geführt (Schlaf- und Wohnbereich). Von dort gelangt sie durch Überströmdurchlässe zu den Räumen mit niedrigen Anforderungen und hohen Belastungsquellen (Küche und Nasszellen). Die Lufteinlässe werden im Boden-, Wand- oder Deckenbereich angeordnet – idealerweise im Bereich von Heizkörpern. Die Überströmöffnungen werden häufig als Türschlitz ausgeführt oder in den Türrahmen bzw. in den Türsturz integriert.

Investitionen: Die Investitionen für Wohnungslüftungsanlagen dürften in den kommenden Jahren sinken, da zunehmend standardisierte Produkte auf den Markt gelangen.

Investitionskosten für kontrollierte Wohnungslüftung

Einfamilienhaus	12.000 bis 15.000 DM
Mehrfamilienhaus, zentrale Anlage	5000 bis 10.000 DM pro Wohnung
Mehrfamilienhaus, wohnungsweise Einzelanlagen	8000 bis 12.000 DM pro Wohnung

Betriebskosten: Die Betriebskosten von Lüftungsanlagen hängen massgebend vom Elektrizitätsverbrauch für die Ventilatoren ab. Gradmesser für den Hilfsenergieverbrauch ist der sogenannte elektrothermische Verstärkungsfaktor (ETV). Er ist definiert als das Verhältnis von zurückgewonnener Wärme zu aufgewendeter Elektrizität. Wegen der höheren Wertigkeit von elektrischer Energie gegenüber Wärme sollte der Wert – analog zu den Wärmepumpen – mindestens drei betragen. Gute Anlagen weisen einen ETV über 15 auf.

ETV-Werte von Wohnungslüftungsanlagen mit Wärmetauscher

schwach	kleiner 5
ungenügend	5 bis 7
in Ordnung	7 bis 15
gut	15 bis 30
sehr gut	grösser 30

Luftführung innerhalb von Räumen.

Lufteinlass und Überströmöffnung sind in die Türzarge integriert. Dies erlaubt eine kurze, kostengünstige Leitungsführung. Der Heizkörper im Fensterbereich unterstützt die gleichmässige Durchspülung des Raumes.

Durch die Anordnung von Luftauslässen im Boden oder bodennahen Bereichen sind Verhältnisse wie bei Quelllüftungen möglich. Die sanften Luftströmungen beeinträchtigen die Behaglichkeit in keiner Weise.

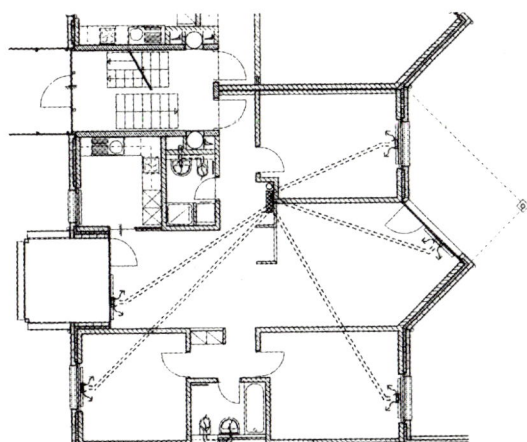

Das Leitungsnetz ist ein wichtiger Kostenfaktor der kontrollierten Wohnungslüftung. Eine intelligente Leitungsführung wirkt kostensenkend. Im dargestellten Beispiel befindet sich das Lüftungsgerat im Untergeschoss. Die Zuluft wird über einen zentralen Verteilkasten sternförmig in die Wohn- und Schlafräume geführt, wobei die Leitungen im Fussboden des Erdgeschosses verlegt sind. Abgesaugt wird die Abluft im Bad und in der Toilette; die Abluftöffnungen sind in die Toilettenspülkästen integriert. Für die Küche besteht eine separate Abluftanlage.

Wärmeerzeugung I

Die Heizung eines Niedrigenergiehauses weist zwei charakteristische Merkmale auf:

- Kurze Heizperiode – 4 bis 6 Monate pro Jahr.
- Tiefe Heizleistung – bei Einfamilienhäusern zwischen 1 kW und 4 kW.

Kesselleistung pro m² beheizte Bruttogeschossfläche für verschiedene Gebäudetypen:

Gebäudetyp	
Herkömmlich gedämmte Wohnhäuser	50 bis 70 Watt
Neubauten gemäss heutigen Vorschriften	30 bis 40 Watt
Niedrigenergiehäuser	10 bis 20 Watt

Für die Wahl des Heizsystems ergeben sich folgende Konsequenzen:

- Investition und Unterhaltsaufwand stehen einem geringen Wärmeverbrauch gegenüber. Da sich die Anschaffungskosten von Wärmeerzeugungsanlagen nicht proportional zu deren Leistung verhalten, liegen die spezifischen Kosten für die Heizung deutlich höher als bei konventionellen Bauten. Der Einsatz von Systemen mit hohen Amortisations- bzw. Fixkosten wird dadurch wirtschaftlich unattraktiv. Dies gilt z.B. für Erdsonden-Wärmepumpen – das Abtäufen der Erdsonden bringt unabhängig von der Tiefe hohe Grundkosten – und für kombinierte Heizungen mit Sonnenkollektoren – die trotz Solaranlage zwingend notwendige Zusatzwärmeerzeugung steht während langen Zeiten still.
- Der Aufwand für den Hausanschluss leitungsgebundener Energieformen – Erdgas oder Fernwärme – steht in einem ungünstigen Verhältnis zur kurzen Heizperiode und zum geringen Verbrauch. Aus dieser Optik ist der Einsatz speicherbarer und standortgebundener Energieträger bei Niedrigenergiehäusern vorteilhafter (Öl, Holz).
- Es kommen nur Wärmeerzeugungssysteme in Frage, die mit einer derart geringen Leistung überhaupt auf dem Markt angeboten werden oder bei denen die Kombination mit einem Wärmespeicher Sinn macht. Ölkessel zum Beispiel sind nur mit Leistungen über 10 kW erhältlich.
- Wegen der kleinen Heizleistung kann die Wärmeabgabe bei tiefen Temperaturen erfolgen. Dies begünstigt den Einsatz von Systemen, die Umwelt- oder Abwärme nutzen (Wärmepumpen, Sonnenkollektoren).
- Holzheizungen werden attraktiv: Wegen der kurzen Heizperiode hält sich (bei der Stückholzfeuerung) der Arbeitsaufwand in Grenzen. Außerdem kamen in den letzten Jahren Holzpelletöfen auf den Markt, die aus Sägespänen gepreßte Holzpellets vollautomatisch verbrennen. Die Öfen zünden automatisch und die Heizleistung läßt sich zwischen 2 bis 10 kW über Raumthermostat regeln. Zusätzlich kann bei Bedarf über Wärmetauscher 50 bis 70% der Leistung für das Warmwasser ausgekoppelt werden. Die Emissionen liegen deutlich unter denen der Stückholzfeuerung.
- Der tiefe Wärmeleistungsbedarf erlaubt es, ein Niedrigenergiehaus mit Luft oder mit einem Kachelofen, also ohne wasserführendes Wärmeverteilsystem zu beheizen.
- Für die Wassererwärmung muss eine überzeugende Alternative gefunden werden. Es lohnt sich nicht, die Wärmeerzeugungsanlage zur Raumheizung ausserhalb der Heizperiode in Bereitschaft zu halten. Dies bedeutet niedrige Wirkungsgrade, erhöhte Abgaswerte und unnötigen Stand-by-Stromverbrauch.

Wärmeverbrauch von Wohnbauten im Jahresverlauf

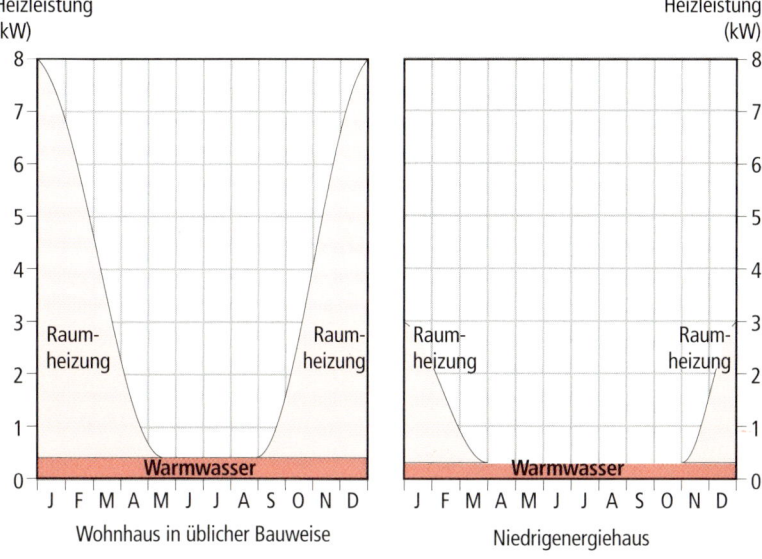

Wohnhaus in üblicher Bauweise

Niedrigenergiehaus

Wärmeerzeugung und Wärmeabgabe im Niedrigenergiehaus

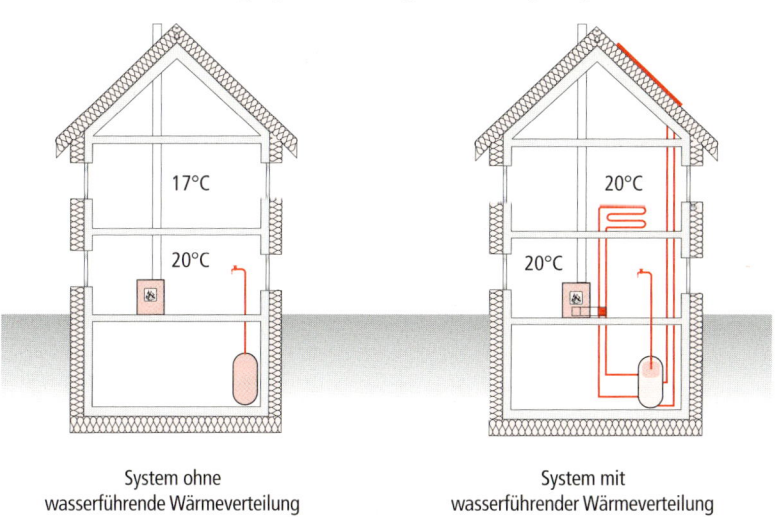

System ohne
wasserführende Wärmeverteilung

System mit
wasserführender Wärmeverteilung

Wärmeverbrauch von Wohnbauten im Jahresverlauf. Beim Niedrigenergiehaus dauert die Heizperiode 2 bis 4 Monate kürzer.

Wärmeverteilung und Wärmeabgabe im Niedrigenergiehaus. *System ohne wasserführende Wärmeverteilung*: Einzige Wärmequelle ist ein Speicherofen mit Einfeuerung im Erdgeschoss. Das Obergeschoss ist nicht direkt beheizt. Die Wassererwärmung erfolgt separat. *System mit wasserführender Wärmeverteilung* (Niedertemperaturradiatoren oder Bodenheizung): Eine Feuerung im Erdgeschoss (Speicherofen) oder im Untergeschoss (Heizkessel) erzeugt die Warme. Über einen Energiespeicher sowie Radiatoren oder eine Bodenheizung erfolgt die Wärmeverteilung in sämtliche Räume. Die Wassererwärmung ist in den Speicher integriert. Eine Kombination mit Sonnenkollektoren ist möglich.

Wärmeerzeugung II

	Vorteile	**Nachteile**

Vorteile: Der Brennstoff ist lagerbar. Im Niedrigenergiehaus können dazu kleine kostengünstige Kunststoff-Öltanks eingesetzt werden. Die geringen Systemtemperaturen erlauben den Einsatz von kondensierenden Heizkesseln (Brennwertkessel). Neu auf dem Markt sind platzsparende Wandheizkessel.

Nachteile: Brenner mit Kleinstleistung sind erst in Entwicklung (Bild). Bei der Verbrennung von Heizöl entsteht CO_2. Die Wassererwärmung mittels Heizkessel ist ausserhalb der Heizperiode wenig sinnvoll.

Heizöl

Bild: Aerosolbrenner

Vorteile: Es sind leistungsvariable – sogenannt modulierende – Brennwertkessel mit kleiner Leistung und hohem Nutzungsgrad auf dem Markt. Ihre Installation braucht wenig Platz (Wandgeräte). Beim Einsatz von Flüssiggas (Propan) anstelle von Erdgas entfällt der teure Hausanschluss. Die Verbrennung von Gas erzeugt weniger Schadstoffe als diejenige von Heizöl.

Nachteile: Die Anschlusskosten für die Gaszuleitung liegen im Verhältnis zum Gasverbrauch hoch. Die Verbrennung von Gas erzeugt CO_2. Ausserhalb der Heizperiode sollte die Wassererwärmung anders gelöst werden.

Gas

Bild: Komplette Heizzentrale mit Beistell-Wassererwärmer

Vorteile: Nachwachsender Energierohstoff. Ein Niedrigenergiehaus lässt sich allein mit einem Holzpelletofen heizen – die wasserführende Wärmeverteilung entfällt. Ausgerüstet mit einem Wärmetauscher können Holzpelletöfen auch die Brauchwassererwärmung übernehmen. Holzpelletöfen sind dann auch eine ideale Ergänzung zu Sonnenkollektoranlagen.

Nachteile: Trotz des geringen Wärmebedarfs bleibt ein kleiner Arbeitsaufwand bestehen, nämlich das Nachschütten von Pellets in den Vorratsbehälter des Ofens, im Abstand von mehreren Tagen. Zwar kann der Ofen mehrtägige Abwesenheiten automatisch überbrücken, bei mehrwöchiger Abwesenheit (Ferien) aber wird das Gebäude kalt.

Holzpellets

Bild: Der Wodtke-Primärofen: automatische und geregelte Feuerung mit Holzpellets

Vorteile	Nachteile

Nachwachsender Energierohstoff. Beim sehr geringem Energiebedarf lässt sich ein Niedrigenergiehaus allein mit einem Kachelofen heizen – die wasserführende Wärmeverteilung entfällt. Kachelöfen liefern gesunde Strahlungswärme. Ausgerüstet mit einem Wärmetauscher erwärmen sie auch das Wasser. Stückholzheizungen sind deshalb auch eine gute Ergänzung zu Sonnenkollektoranlagen.

Nicht alle Gebäudegrundrisse sind für eine Kachelofenheizung geeignet. Trotz geringem Wärmebedarf bleibt ein Arbeitsaufwand bestehen. Im Sommer müssen im Solaranlagen-Ergänzungsbetrieb die Räume mitbeheizt werden. Bei Abwesenheit (Ferien) bleibt das Gebäude kalt.

Bild: Kachelofenheizung

Stückholz

Bei den für Niedrigenergiehäuser typischen tiefen Wärmeabgabetemperaturen arbeiten Wärmepumpen mit gutem Wirkungsgrad. Beim Einsatz von Erdsondenanlagen lassen sich heute Jahresarbeitszahlen von 5,5 erreichen. Wärmepumpen eignen sich für die ganzjährige Wassererwärmung.

Luft-Wasser-Wärmepumpen sind für Gebäude mit kurzer Heizperiode wenig geeignet, weil sie in der kältesten Jahreszeit mit tiefer Leistungsziffer arbeiten. Erdsonden-Wärmepumpen, denen dieses Manko nicht anhaftet, erfordern dafür hohe Investitionen. Anlagen mit Jahresarbeitszahlen unter 3 schneiden aus ökologischer Sicht schlechter ab als Gas- oder Ölheizkessel, weil Strom gegenüber fossilen Energieträgern die dreifache Wertigkeit aufweist.

Bild: Kleinwärmepumpe

Wärmepumpen

Elektrische Wärmeerzeuger eignen sich zur Spitzenlastdeckung ideal: sie sind preiswert in der Anschaffung, einfach im Aufbau und gut regulierbar. Bei geringem Wärmeleistungsbedarf – unter 15 W/m^2 – lassen sie sich mit einer kontrollierten Wohnungslüftung kombinieren.

Elektrizität ist teuer. Die Verwendung von hochwertiger Elektrizität zu Heizzwecken ist aus ökologischen Überlegungen äusserst fragwürdig. (In thermischen Kraftwerken braucht es 3 Teile Brennstoff, um 1 Teil Strom zu erzeugen.)

Bild: Haustechnikmodul für Niedrigenergiehaus. Integriert sind Wassererwärmer, Lüftungsgerät und elektrische Spitzenlastheizung

Elektrizität

Erneuerbarer Energierohstoff, einfache, überschaubare Technik. Der Anteil an Selbstversorgung mit Energie steigt. Zukünftige Energie- und Umweltsteuern belasten die Sonnenenergie nicht. Die Wassererwärmung ausserhalb der Heizperiode erfolgt zu 100% mit Sonnenwärme.

Zur Spitzendeckung ist in den meisten Fällen eine zusätzliche Wärmequelle nötig. Insgesamt ergeben sich dadurch grosse Anschaffungskosten. Solaranlagen mit hohem Deckungsanteil erfordern aufwendige, platzraubende Speicher.

Bild: Niedrigenergiehaus mit Solarheizung

Solarenergie

Wasser oder Luft als Wärmeträger?

Wärmeverteilung und Wärmeabgabe

Gute Wärmedämmung und geringer Wärmeleistungsbedarf von Niedrigenergiehäusern haben für die Wärmeverteilung und Wärmeabgabe an die Räume mehrere Vorteile:

- Im Vergleich zu konventionellen Gebäuden sind deutlich niedrigere Temperaturen des Heizmediums ausreichend. Dies erlaubt eine allmähliche Wärmeabgabe über Wand- oder Bodenheizungen und über Niedertemperatur-Heizkörper. Ist der Mensch von warmen Flächen umgeben, fühlt er sich behaglich, auch wenn die Raumtemperatur unter den üblichen 20°C liegt. Vorteil: Tiefe Raumtemperaturen führen zu geringeren Wärmeverlusten. (obere Grafik)
- Mengen und Strömungsgeschwindigkeiten des umzuwälzenden Wärmeträgers sind gering, so dass für den Antrieb nur wenig Leistung bzw. Hilfsenergie aufzuwenden ist.
- Infolge guter Wärmedämmung und Fenster liegen die Temperaturen an der inneren Oberfläche der Aussenwände deutlich höher als bei konventionellen Bauten. Die Heizkörper müssen nicht mehr an den Aussenwänden (Fensterbrüstungen) plaziert werden. Dies erhöht die Flexibilität beim Einrichten der Wohnung. (Untere Grafik)
- Bei niedrigen Temperaturen des Heizmediums tritt bei der Wärmeabgabe ein Selbstregelungseffekt ein. Dies erlaubt den Einsatz einfacher, "narrensicherer" Regulierungen.
- Die Auskühlzeit eines Niedrigenergiehauses ist lang; die Raumtemperatur sinkt also bei Unterbrechung der Wärmezufuhr nur langsam ab. Wenn kein Bedarf vorhanden ist, kann die Heizung einfach abgestellt werden. Dies ersetzt jede komplizierte Steuerung.

Luft als Wärmeträger: Luft ist ein schlechter Wärmeträger. Um damit bei vorgegebener Temperatur eine bestimmte Wärmemenge zu transportieren, braucht sie ungefähr das 3.500fache Volumen gegenüber Wasser. Dieser Sachverhalt ist der Hauptgrund dafür, dass die Wärmeverteilung bei Heizsystemen hauptsächlich mit Wasser erfolgt. Der geringe Wärmeleistungsbedarf von Niedrigenergiehäusern macht es nun aber möglich, Luft als Wärmeträger einzusetzen.

Luftheizung (offenes System): Bei der Warmluftheizung fungiert die Raumluft als Wärmeträger. Die Wärmeerzeugung erfolgt durch einen Warmluftofen oder eine Zuluftheizung der Wohnungslüftungsanlage. Bedenken bezüglich Komfort sind bei geringer Wärmeleistung – unter 15 W/m^2 – unbegründet: Luftmenge und Temperaturerhöhung sind kaum spürbar. Vorteil: Ein Leitungssystem erübrigt sich.

Hypokaustenheizung (geschlossenes System): Bei diesem Heizsystem zirkuliert die Luft unter Einwirkung der Schwerkraft oder eines Ventilators durch hohle Wände und Böden aus Tonziegeln. Die Wärme kann unter Einsatz eines Wärmetauschers im Prinzip mit jedem Wärmeerzeuger produziert werden. Hypokaustenheizungen geben die Wärme zum grössten Teil über Strahlungsflächen ab und gelten daher als sehr gesund und behaglich. Noch ein Detail: Im Gegensatz zum offenen System ist Staubbelastung kein Thema.

Wärmeabgabesystem und thermische Behaglichkeit

$$\text{Empfindungstemperatur} = \frac{\text{Oberflächentemperatur} + \text{Lufttemperatur}}{2}$$

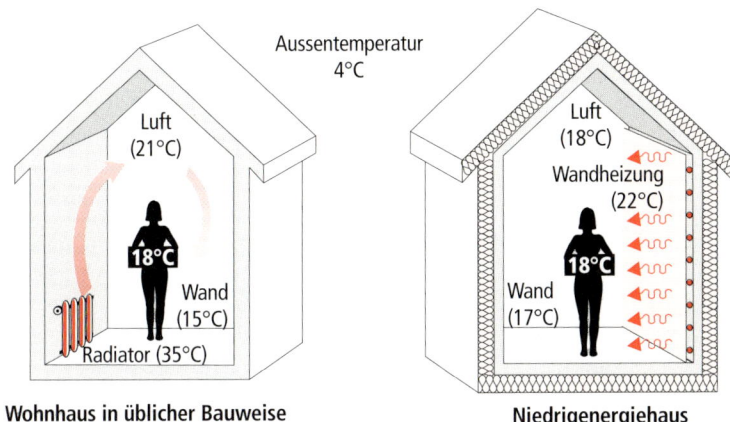

Aussentemperatur
4°C

Wohnhaus in üblicher Bauweise

Luft (21°C)
18°C
Wand (15°C)
Radiator (35°C)

Niedrigenergiehaus

Luft (18°C)
Wandheizung (22°C)
18°C
Wand (17°C)

Links ein Wohnhaus in üblicher Bauweise: Die Oberflächentemperatur von Wänden und Fenstern liegt deutlich unterhalb der Empfindungstemperatur. Um Behaglichkeit zu garantieren, muss die Raumluft über die Empfindungstemperatur aufgeheizt werden. Die für den Wärmeverlust massgebende Temperaturdifferenz zwischen Raum- und Aussenluft beträgt 17°C. Die Radiatoren werden üblicherweise unter den Fenstern angeordnet, um die Abstrahlung der kalten Flächen zu kompensieren.

Rechts: Niedrigenergiehaus: Die Temperatur von Wänden und Fenstern liegt dank guter Wärmedämmung nur knapp unter der Empfindungstemperatur. Weil die Wärmeabgabe über grosse Strahlungsheizflächen (Wand- oder Bodenheizung) erfolgt, kann die Raumlufttemperatur trotzdem tief gehalten werden. Die Temperaturdifferenz innen – aussen beträgt lediglich 14°C. Dadurch wird gegenüber dem konventionellen Haus rund 18% Energie eingespart; die Heizkörper können jetzt auch an den Innenwänden plaziert werden.

Wärmeabgabe mit Radiatoren

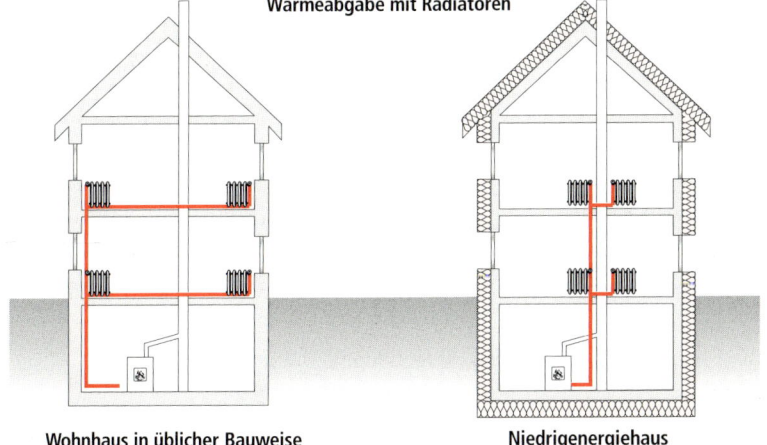

Wohnhaus in üblicher Bauweise

Aus Komfortgründen müssen die Radiatoren unterhalb der Fenster angeordnet werden.

Niedrigenergiehaus

Die Radiatoren können an den Innenwänden angeordnet werden. Die Leitungen werden dadurch sehr kurz.

Rationelle Warmwassernutzung

Im Durchschnitt verbraucht eine Person 30 bis 50 l Warmwasser pro Tag. Umgerechnet auf ein ganzes Jahr entspricht dies einem Energieverbrauch von 70 bis 110 l Heizöl. In konventionell wärmegedämmten Wohnbauten beträgt der Anteil des Warmwassers am gesamten Wärmeverbrauch 10 bis 20% – in Niedrigenergiehäusern jedoch gegen 50%. Dieses Verhältnis macht deutlich, welcher Stellenwert der rationellen Warmwassernutzung im Rahmen einer Niedrigenergie-Strategie beizumessen ist.

Rationelle Armaturen und Geräte
Der Einsatz von intelligenten Wasserarmaturen und Geräten reduziert den Warmwasserverbrauch ohne Komforteinbusse. Dabei werden gleichzeitig Wasser- und Energiekosten eingespart. Bei konsequenter Umsetzung resultiert eine Reduktion des Verbrauches auf 20 bis 30 l pro Person. Hier einige Beispiele:

- Durchflussmengenbegrenzer (Spardüsen) an Waschtischarmaturen.
- Spar-Duschbrausen: Trotz Reduktion des Wasserverbrauchs um Faktor 2 wird ein komfortables Strahlbild der Duschbrause erreicht.
- Einhebelmischer und Thermostatbatterien: sie erlauben ein schnelles Einregulieren der gewünschten Warmwassertemperatur. Wassersparende Waschautomaten und Spülmaschinen: Die marktbesten Geräte verbrauchen rund 3mal weniger als der Durchschnitt aller installierten Geräte. Dennoch sollten beide Geräte über Warmwasseranschluss betrieben werden, da die Wassererwärmung mit Strom wegen dessen Wertigkeit noch schlechter zu bewerten ist. Auf möglichst kurze und wärmegedämmte Zuleitungen ist dabei zu achten.

Reduktion der Wärmeverluste beim Verteilsystem
Entgegen einer verbreiteten Meinung kommen die Wärmeverluste des Warmwassersystems nur in beschränktem Maß der Raumheizung zugute. Sie müssen daher soweit als möglich reduziert werden. Eine gute Wärmedämmung der Rohrleitungen genügt dazu nicht. Zusätzliche konzeptionelle Massnahmen sind erforderlich:

- Angepasste Warmwassertemperaturen: 55°C genügen. Zur sicheren Vermeidung von Legionellen Bakterien wird der Wassererwärmer einmal pro Woche auf 65°C geheizt. Vorgeschrieben ist dies in Deutschland allerdings erst bei Warmwasserspeichern über 400 Liter Inhalt.
- Plazierung des Wassererwärmers im Zentrum des Gebäudes, innerhalb des beheizten Bereiches. Wärmeverluste des Speichers kommen so der Raumheizung zugute. Die Leitungen zu den Zapfstellen werden kurz.
- Kleine Leitungsdurchmesser. In Kombination mit Wasserspararmaturen können die Leitungsdimensionen problemlos reduziert werden.

Anteil der Wassererwärmung am Wärmebedarf eines Wohnhauses

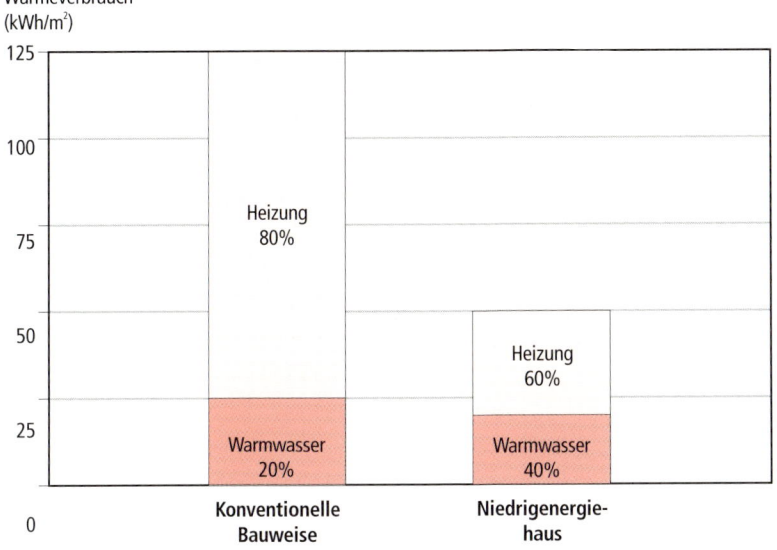

Wärmeverbrauch
(kWh/m²)

Anteil der Wasserer-
wärmung am Wärme-
bedarf eines Wohn-
hauses.

Chart values:

- Konventionelle Bauweise: Heizung 80%, Warmwasser 20%
- Niedrigenergie-haus: Heizung 60%, Warmwasser 40%

Y-axis: 0, 25, 50, 75, 100, 125

Täglicher Warmwasserverbrauch pro Person (Wassertemperatur 55°C)

Täglicher Warmwasser-
verbrauch pro Person
(Wassertemperatur
55°C)

	Duchschnittswerte konventioneller Bauten	Niedrigenergiehaus mit optimiertem Warmwassersystem
Baden / Duschen	34 Liter	26 Liter
Geschirrspülen	6 Liter	5 Liter
Textilwäsche	5 Liter	4 Liter
Reinigung	3 Liter	3 Liter
Körperpflege	2 Liter	2 Liter
TOTAL	30 Liter	40 Liter

Wassererwärmung

Wärmerückgewinnung aus dem Abwasser
Der grösste Teil der Energie im Warmwasser – nämlich rund 70% – verlässt das Gebäude mit dem Abwasser wieder. Vom gesamten Wärmeverbrauch eines Niedrigenergie-Einfamilienhauses ist dies ein Drittel. Die Abwasserleitung stellt somit ein grosses Wärmeleck dar. Mit Hilfe einer Wärmerückgewinnung kann es teilweise "gestopft" werden.

Das Prinzip ist einfach: Bevor das Abwasser von Küche und Bad das Haus verlässt, gelangt es – getrennt vom Fäkalwasser – in einen Grauwasserbehälter. Dort kühlt es ab und gibt dabei Wärme an einen im Behälter integrierten Frischwasser-Speicher ab. Rund 50% der im Grauwasser enthaltenen Wärme gewinnt das System zurück und deckt damit gegen 40% des Warmwasserenergiebedarfs. Der gesamte Wärmeverbrauch eines durchschnittlichen Niedrigenergiehauses wird um 10% bis 15% reduziert.

Optimiert wird das System durch Ergänzung mit einem sogenannten Lauwarmwassernetz, welches das vorgewärmte Wasser direkt verteilt (Grafik). Angeschlossen werden die Waschtische, die Spül- und die Waschmaschine. Die Verwendung von lauwarmem Wasser für die genannten Zwecke ist hygienisch unbedenklich, da Legionellen ausschliesslich durch Aerosole – winzige Wasserteilchen in der Luft – über die Atemwege auf den Menschen übertragen werden. Heikel wäre ein Einsatz bei den Duschen.

Solare Wassererwärmung
Sonnenkollektoranlagen zur Wassererwärmung im Komforthaushalt decken 50 bis 60% des jährlichen Energiebedarfes für das Warmwasser. Im Sommer kann die konventionelle Heizung in der Regel abgestellt werden. Im Trend sind sogenannte Kompaktsysteme – vorfabrizierte, steckerfertige Einheiten, die sämtliche Anlagekomponenten beinhalten. Vorteile: geringer Planungsaufwand, schnelle Montage, aufeinander abgestimmte Bauteile, optimierte Betriebsweise, Service und Garantie aus einer Hand und – entscheidend – geringe Investitionen. Eine fertige Anlage kostet inklusive Montage und Inbetriebnahme um 12.000 DM. Für einen 4-Personen-Haushalt beträgt die Kollektorfläche 4 bis 5 m², der Inhalt des Warmwasserspeichers 400 l. Optimal wird Sonnenenergie genutzt, wenn auch Wasch- und Spülmaschine ans Warmwassernetz angeschlossen werden. Entsprechende Geräte mit separaten Anschlüssen für Kalt- und Warmwasser sind auf dem Markt.

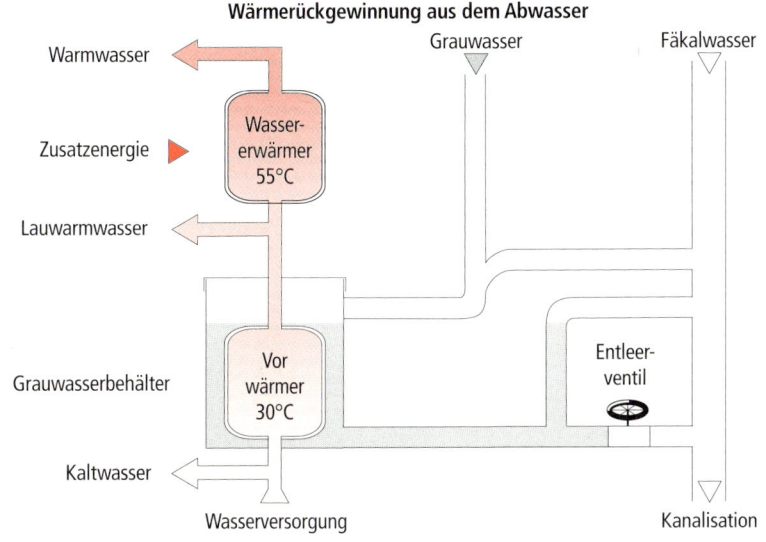

Wärmerückgewinnung aus dem Abwasser

Warmwasser

Zusatzenergie

Lauwarmwasser

Grauwasserbehälter

Kaltwasser

Grauwasser

Fäkalwasser

Wasser-
erwärmer
55°C

Vor
wärmer
30°C

Entleer-
ventil

Wasserversorgung

Kanalisation

Der Energieverbrauch für die Wassererwärmung wird um rund 40% reduziert.

Wärmerückgewinnung aus dem Abwasser. Der Energieverbrauch zur Wassererwärmung wurde um rund 40% reduziert. (System von Fraefel und Kriesi).

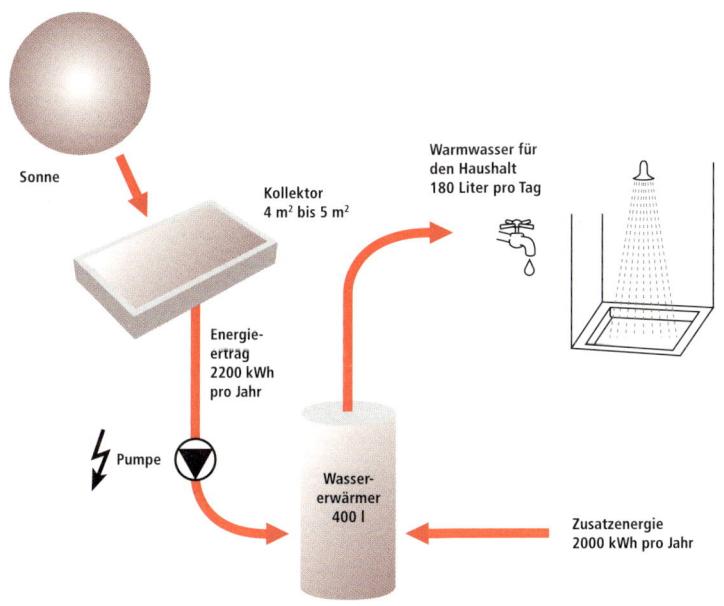

Sonne

Kollektor
4 m² bis 5 m²

Warmwasser für
den Haushalt
180 Liter pro Tag

Energie-
ertrag
2200 kWh
pro Jahr

Pumpe

Wasser-
erwärmer
400 l

Zusatzenergie
2000 kWh pro Jahr

Kompakt-Solaranlagen zur Wassererwärmung im Haushalt produzieren Warmwasser zu 20 bis 30 Pf/kWh.

Elf Beispiele aus Deutschland und der Schweiz

44 Ein nachahmenswertes Objekt   100
    Büro- und Wohngebäude Häuser/Lambrecht
    in Rottenburg-Seebronn

45 Tradition und Innovation im Altmühltal   104
    Mehrgenerationenhaus in Kaldorf

46 Lösung in Holz für wenig Geld   106
    Wohnsiedlung in Stuttgart

47 Die solare Häuserzeile   108
    Ökosiedlung in Donaueschingen

48 Hausprogramm für das 21. Jahrhundert   110
    Prototypen in Durbach-Ebersweier

49 Das Passivhaus in Serie   112
    Gartensiedlung Lummerlund in Wiesbaden

50 Wohnhäuser mit Kappe aus Schwarz-Chrom   114
    Die Sonnenstadt bei Genf

51 Latentspeicher im Berner Oberland   116
    Einfamilienhaus bei Thun

52 Renommier-Objekt einer neuen Bauweise   118
    Nullheizenergiehäuser am Zürichsee

53 Ein denkmalgeschützter Bau wird zum Niedrigenergiehaus 120
    Umbau und Renovation eines Mehrfamilienhauses

54 Die wandelbare Living Box   122
    Siedlung im Holzelementbau

Büro- und Wohngebäude Häuser/Lambrecht in Rottenburg-Seebronn

Das Büro- und Wohngebäude Häuser/Lambrecht ist repräsentativer Sitz der Geschäftsführung der Akademie für Energie und Umwelt der Deutschen Gesellschaft für Sonnenenergie GmbH. Daher standen hohe Anforderungen in Bezug auf Ökologie und solares Bauen bei der Erstellung des Neubaus im Vordergrund. Die Beheizung des Hauses erfolgt rein regenerativ mit Solaranlage und Holzzentralheizung. Auch mit der Integration der Solaranlage in die Fassade soll das positive Zusammenspiel von Solarnutzung und anspruchsvoller Architektur demonstriert werden. Das Gebäude Häuser/Lambrecht in Seebronn (Tübingen) ist in mancher Hinsicht repräsentativ für die moderne Niedrigenergiebauweise. Mit einem spezifischen Heizwärmebedarf von 28,7 kWh/(m²·a) (dynamische Gebäudesimulation) handelt es sich um ein "3-Liter-Haus", also ein sehr gutes Niedrigenergiehaus.

Die vorgefertigten Holzrahmen sind für das Haus ebenso typisch wie deren Füllung mit Zellulose-Dämmstoff. Die Dämmstärke beträgt in den Aussenwandteilen mindestens 26 cm, im Dach 30 cm, was k-Werte unter 0,2 W/(m²·K) bzw. 0,18 W/(m²·K) ermöglicht. Eine sägeraue, hinterlüftete Lärche-Schalung bildet den Wetterschild, allerdings nicht an der Südfassade, denn in diese sind 34 m² Sonnenkollektoren und zahlreiche Fenster integriert. Diese Kollektoren decken 40% des Wärmebedarfes, den Rest steuert der Holzvergaser-Kessel bei. Zwischen Wärmeerzeugung und der Wärmeabgabe sorgt ein 2 m³-Wasserspeicher mit Schichtenlader für den energetischen Ausgleich. Der ist durchaus nötig, denn der holzbeschickte Kessel leistet 14 kW – kleinere sind auf dem Markt nicht erhältlich – und der Wärmeleistungsbedarf des Hauses liegt zwischen 4 und 5 kW. Geschickt sind Füllvolumen des Kessels und die Speichergrösse aufeinander abgestimmt: Mit einer Kessel-Füllung lässt sich der Speicher vollständig laden, was einer Temperaturerhöhung des Wassers von 20 auf 85°C entspricht. Die Wärmeabgabe erfolgt über Niedertemperaturregister in Fussböden und Wänden.

Das sonnenfreundliche Haus hat eine verglaste Aussenfläche von 70 m², wobei die Fenster mit einem Gesamt-k-Wert von 1,1 W/(m²·K) eine positive Energiebilanz aufweisen. Der aussenliegende Sonnenschutz sorgt für behagliche Temperaturen, auch in den Monaten Juli und August. Eine ähnliche Funktion, wenn auch in einem ganz anderen Zusammenhang, übernimmt das Erdregister, über das die Innenräume mit Aussenluft versorgt werden. 42 m Rohre (DN100) wurden zu diesem Zweck 1 bis 1,5 m unter dem Haus verlegt. Im Sommer kühlt, im Winter wärmt das Erdregister die Zuluft. Vom Erdregister strömt die Zuluft in die Büro- und Wohnräume, in den Nasszellen wird die belastete Luft abgesaugt und als Abluft über Dach geführt.

Die Entscheidung für ein Erdregister und gegen die Wärmerückgewinnung (WRG) ist vor dem Hintergrund der grösseren Funktionalität des Erdregisters bei ähnlichen Kosten und Energieeinsparungen gefallen. Die Kühlfunktion im Sommer wäre allein mit der WRG nicht möglich, sie trägt jedoch entscheidend zur Wohnqualität in den heissen Sommermonaten bei. Ausserdem besteht jederzeit die Möglichkeit, über eine optional

Solararchitektur in Rottenburg mit Fenstern und Sonnenkollektoren.

zu installierende Miniwärmepumpe dem Speicher Wärme aus dem Abluftstrom zuzuführen, wodurch die – mit Arbeit verbundene – Betriebszeit des Holzkessels weiter verringert werden kann.

Die Betriebserfahrungen der ersten Sommermonate belegen die Richtigkeit der Entscheidung für das Erdregister. Die Luftaustrittstemperaturen in den Räumen lagen bis zu 8 K unter der Aussentemperatur. Der nötige Luftwechsel konnte somit ohne Erwärmung der Räume durch die heisse Sommerluft geschehen. Dies trägt neben dem Filtern der Luft (Stichwort Heuschnupfen) wesentlich zum Wohlbefinden im Gebäude bei.

Vier weitere Punkte verdienen besondere Beachtung:

Planungs- und Baurecht
Vom gültigen Bebauungsplan konnte eine Befreiung erreicht werden. Die Argumente der Bauherrschaft und des Architekten bezüglich optimaler Neigung und Orientierung der Kollektorfassade sowie der Neigung der begrünten Dachfläche waren für die Behörden stichhaltig.

Das Energiemanagement
erfolgt mit dem Standard-EIB (europäischer Installationsbus). Zweifelsohne eine edle Lösung.

Die Luftdichtheit
wurde mit dem Blower-door-Verfahren überprüft. Der n_{L50}-Wert mit Überdruck beträgt 0,8/h, derjenige mit Unterdruck 0,9/h.

Ökologische Materialwahl
Konsequent wurden umweltverträgliche Produkte eingesetzt:

- Parkettböden aus Eiche geölt und gewachst, auf Kreuzlattung genagelt, Bodendämmung mit Zellulose

- naturbelassenes sichtbares Deckengebälk
- Wände mit Gipsfaserbeplankung bzw. gebürsteter Lehmputz
- Naturharzdispersionsanstriche
- Innenausbau der Wohnräume und des Büros im Erdgeschoss in Lehm-Massivbauweise
- Baumwolldämmung als Schallschutz in den Zwischenwänden im Obergeschoss
- Aussendämmung aus Zellulose, Holzfaser und Baumwolle

Technische Daten

Bauteil	Bautiefe der Wärmedämmung	k-Wert
Dach	30 cm	0,18 W/(m² K)
Aussenwände	26 - 37 cm	0,12 - 0,20 W/(m² K)
Boden	15 cm	0,29 W/(m² K)
Radgarage Nord	16 - 22 cm	0,23 - 0,35 W/(m² K)
Fenster	—	1,1 W/(m² K)

Dämmstärken und k-Werte von Aussenbauteilen

Verhältnis von Umfassungsfläche zu Volumen (A/V-Verhältnis)	0,51
Heizwärmebedarf effektiv	27 kWh/(m²·a)
Solarer Deckungsgrad (WW und Heizung)	40%
Luftwechselrate	0,32/h
Grundstückfläche	900 m²
Wohnfläche (Nutzfläche) EBF	152 m²
Bürofläche (Nutzfläche) EBF	51 m²
Baujahr	1998

Technische Daten des Niedrigenergiehauses in Seebronn

Grundriß Erdgeschoss

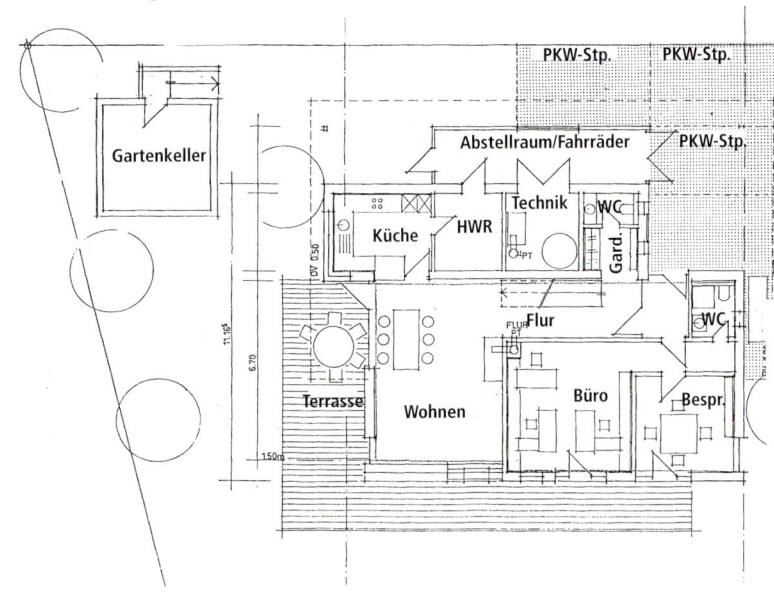

Gebäudeschnitt mit Darstellung des Lüftungsprinzips

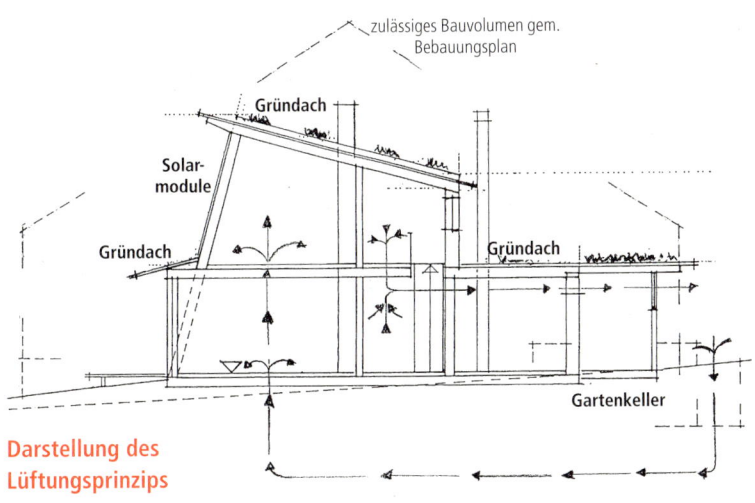

Darstellung des Lüftungsprinzips

Beteiligte

Auftraggeber:
Sabine Häuser und
Klaus Lambrecht,
Seebronn

Entwurf + Planung:
Oed & Haefele
Freie Architekten BDA
Tübingen/Leipzig

Solar- und Haustechnik:
solarCelsius Dieter
Busse, Bingen (Rhein)
Klaus Lambrecht,
Seebronn

Lehmputze:
Udo Steger, Rottenburg

EIB:
Richard Schwarz Ge-
bäudesystemtechnik,
Stuttgart

Generalunternehmer:
Häfele Holzbau
Schlüsselfertiges Öko-
logisches Bauen
Ammerbuch

Tradition und Innovation im Altmühltal

Mehrgenerationenhaus in Kaldorf

Dem Niedrigenergiehaus in der Gemeinde Kaldorf im Altmühltal sieht man den zukunftsweisenden Charakter nicht an. Vielmehr lehnte sich Architekt Paulus Eckerle bewusst an die historischen Vorbilder der Wohn-Stall-Häuser im Juragebiet mit ihrem in der Hausmitte angelegten Flur an. Dazu passt auch die Konzeption der Räume: Das 1996 gebaute Niedrigenergiehaus ist ein Mehrgenerationen-Haus: Kinder, Eltern und Grosseltern wohnen hier unter einem Dach zusammen, das mit seiner steingrauen Farbe an die traditionelle Schiefereindeckung der Region erinnert. Der durch ein First-Oberlicht beleuchtete Flur trennt die Generationen. Tritt man von Süden durch den Haupteingang, liegt links der grosszügige Wohn- und Essraum der Familie mit anschliessender Küche. Rechts befindet sich zweckmässigerweise ebenerdig die komplette Seniorenwohnung mit kleinem Schlafraum, Bad sowie grosser Wohnküche. Daran schliesst sich ein Hauswirtschaftsraum an: Die Grosseltern machen nämlich nach landwirtschaftlicher Tradition noch viel selbst. So aufgeteilt, haben die Generationen ihr eigenes Reich und leben doch so eng wie möglich zusammen. Die Wohnbereiche sind klar nach Süden orientiert und die Fenster, vor allem auf der Nordseite, klein, so wie es sowohl einem Niedrigenergiehaus als auch der lokalen Bautradition entspricht. Im Obergeschoss, das ohne Zwischendecke bis zum flach geneigten Dach geöffnet ist, finden sich Elternschlafzimmer, Bad, zwei Kinderzimmer und ein Arbeitszimmer.

Die 49 cm dicken Aussenmauern und das Dach bilden mit einer Wärmedämmung aus Kork eine Gebäudehülle mit k-Werten von 0,18 W/(m²·K) im Bereich der Aussenwand, 0,8 W/(m²·K) bei den Fenstern und 0,15 W/(m²·K) im Dach. Der Heizwärmebedarf von 15 kWh/(m²·a) wird von einer Holzschnitzel-Zentralheizung abgedeckt. Ausserdem verfügt das Haus über eine Regenwassernutzung für WC und Waschmaschine sowie über eine Vorrüstung für eine geplante Solaranlage. Das Mehrgenerationen-Haus kostete 475.000 DM, zuzüglich Eigenleistungen von etwa 100.000 DM. Im Rahmen des Unipor-Architekturpreises 1996 wurde das Gebäude für seine beispielhafte Kombination von architektonischen, ökologischen und ökonomischen Aspekten ausgezeichnet.

Gebäudedaten

Baujahr		1996
Beheizte Wohnfläche		273 m²
Heizwärmebedarf (Nutzenergie)		15 kWh/m² a
k-Werte	Dach	0,15 W/m² K
	Aussenwand	0,18 W/m² K
	Fenster	0,8 W/m² K

Beteiligte

Architekt: Paulus Eckerle, Baggerweg 11, 85051 Ingolstadt.
Energiekonzept: Architekt, in Zusammenarbeit mit den Behörden.

Die drei Genera-
tionen unter ei-
nem besonderen
Dach: das Nied-
rigenergiehaus in
Kaldorf.

46

Lösung in Holz für wenig Geld
Wohnsiedlung in Stuttgart

Eine Siedlung in Stuttgart führt vor, wie Niedrigenergiehäuser auch unter einschränkenden Bedingungen gebaut werden können: Das Grundstück liegt an einem schlecht besonnten Nordhang und bietet wenig Platz; ausserdem war preisgünstiger Wohnraum gefragt. Der Architekt Johannes Brucker schuf hier sechs treppenförmig aneinandergebaute Reihenhäuser und ein freistehendes Haus aus Holzleichtbauelementen, welche die Bauzeit dank Vorfertigung um ein Fünftel verkürzten, und realisierte die Niedrigenergiebauweise für 6% Mehrkosten gegenüber einer konventionellen Ausstattung. 1994 gewann diese Siedlung den ersten Preis des bundesweit ausgeschriebenen Wettbewerbs "Preisbewusstes Bauen und Wohnen". Je nach Ausbaustandard kosten die Häuser 1865 bis 2250 DM pro m^2 Nutzfläche.

Offene Grundrisse mit Galerien prägen die Häuser, und in die Dachgeschosse sind Terrassen eingelassen. Die 25 cm starken Aussenwände und die Dächer wurden nach nordamerikanischen Vorbildern in Holzrahmenbauweise errichtet und erreichen k-Werte von 0,19 W/(m^2·K) in der Wand beziehungsweise 0,14 W/(m^2·K) im Dach. Mit Zweifach-Wärmeschutzverglasung bestückt, haben die Fenster einen k-Wert von 1,3 W/(m^2·K). Um Wärmebrücken zu vermeiden, wurden die Rolladenkästen vor die Dämmschicht vorgebaut.

Die dicht und gut eingepackten Häuser verfügen über eine mechanische Abluftanlage. Die Abluft wird mittels Ventilator aus Bad und Küche abgesaugt. Dadurch strömt in Wohn- und Kinderzimmer Frischluft nach, wobei für die Aussenluft oberhalb der Heizkörper Nachströmöffnungen mit integriertem Ventil eingebaut sind. Was diese Häuser allerdings nicht haben, ist eine Wärmerückgewinnung aus der Abluft; darauf hat der Architekt aus Kostengründen bewusst verzichtet. Die noch nötige Heizenergie von 55 kWh/(m^2·a) liefert eine Gasheiztherme, welche mit einer Abgaswärmerückgewinnung ausgestattet ist und die sich ausserdem im beheizten Teil des Hauses befindet. Die Wärmeverluste der Energieumwandlung dienen somit wiederum der Beheizung des Raumes. Ökologische Prinzipien kamen bei der Auswahl von rezyklierbaren Baumaterialien und bei der Toilettenspülung zum Zug, für welche das Wasser aus einer Regenwasser-Zisterne verwendet wird.

Gebäudedaten

Baujahr	1991
Anzahl Einfamilienhäuser	7
Nutzfläche	1230 m^2
Beheizte Wohnfläche	942 m^2
Kosten	1865 bis 2250 DM/m^2, je nach Ausbaustandard
Heizenergieverbrauch (Endenergie)	55 kWh/m^2 a

k-Werte		
	Dach	0,14 W/m^2 K
	Aussenwand	0,19 W/m^2 K
	Boden	0,30 W/m^2 K
	Fenster	1,3 W/m^2 K

Beteiligte

Architekt: Dipl. Ing. Johannes Brucker, Hasenbergstrasse 15, 70178 Stuttgart. Planung der Heizung und der Lüftungsanlage: Dipl. Ing. (FH) Ansgar Schrode, Sudetenweg 3, 71364 Winnenden.

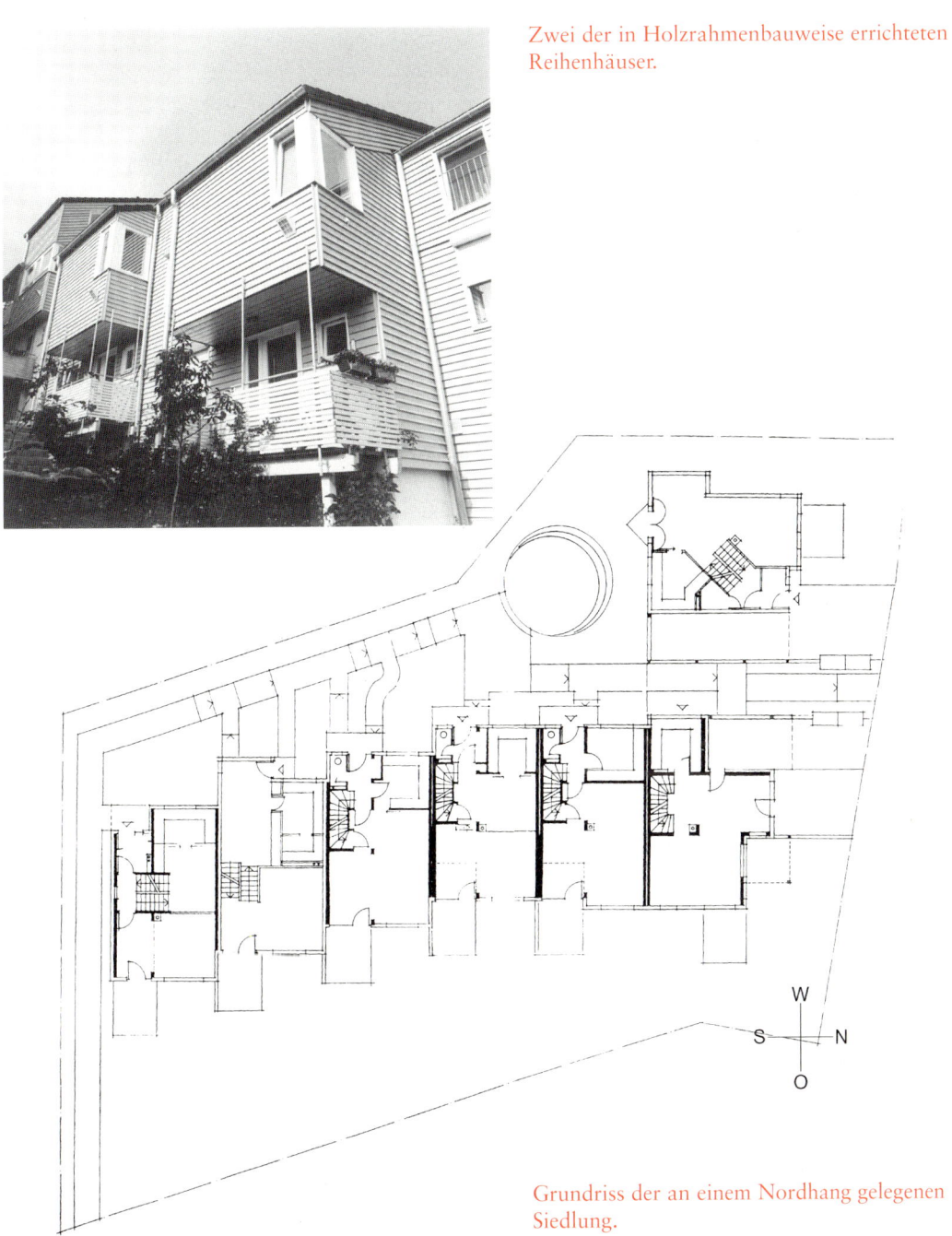

Zwei der in Holzrahmenbauweise errichteten
Reihenhäuser.

W

S ⊥ N

O

Grundriss der an einem Nordhang gelegenen
Siedlung.

Die solare Häuserzeile

Ökosiedlung in Donaueschingen

Mit der ökologischen Wohnsiedlung "Auf der Staig" wurden in Donaueschingen – mit Unterstützung des Landes Baden-Württemberg – Wohnbauten geschaffen, die über Deutschland hinaus Forschungs- und Demonstrationscharakter für fortschrittlichen Hausbau haben. Neben Holzblockbauten und Erdhügelhäusern wurden auch Solarhäuser erbaut, von denen hier die Rede sein soll. Die sechs kompakten Häuser sind mit einer breiten, verschattungsfreien Front (der eigentlichen Einstrahlungsfläche) exakt nach Süden orientiert. Dadurch, dass sie in einer Reihe aneinander gebaut sind, reduziert sich der Anteil der Aussenflächen, gleichzeitig wurde die Installationen einer zentralen Heizung für alle Häuser vereinfacht.

Ein zweigeschossiger, in den rechteckigen Grundriss der Häuser integrierter Wintergarten bildet ein lichtdurchflutetes Atrium, das den einfachen Häusern ihre architektonische Prägung gibt. Im Sommer, wenn Wärme im Überfluss vorhanden ist, bewirken spezielle Lüftungsklappen einen effektiven Wärmeabfluss, im Winterhalbjahr kann die im gläsernen Atrium vorgewärmte Luft in den anliegenden Wohnräumen verteilt werden. Zur optimalen Nutzung der Sonne verfügen die sechs Häuser neben dem Wintergarten über je 20 m² transparenter Wärmedämmung in der Südfassade und über insgesamt 16 m² Sonnenkollektoren auf der nach Süden geneigten Dachseite.

Um die mit der Solarnutzung verbundenen Temperaturschwankungen so gut wie möglich auszugleichen, wurde die Tragkonstruktion in Form von schweren Mauerwerkswänden und Massivdecken ausgeführt. Bei den Wintergärten sind diese massiven Tragelemente durch eine feingliedrige Stahlkonstruktion ersetzt worden, um möglichst viel Transparenz zu erzielen. Der Energiebedarf für Heizung und Warmwasser wird über eine Erdgas-Brennwertanlage in Verbindung mit Solarkollektoren und über eine Lüftungsanlage mit Wärmerückgewinnung gedeckt. Beide Systeme, Heizung und Lüftung, wurden genau aufeinander abgestimmt. Die Heizungsanlage befindet sich in einer kleinen Dachzentrale direkt unter den Solarkollektoren zwischen den beiden Dreierblocks der Häuserzeile. Über alle sechs Solarhäuser gemittelt, verbleibt ein spezifischer Heizenergieverbrauch von 40 kWh/(m²·a).

Gebäudedaten

Baujahr	1995
Anzahl Einfamilienhäuser	6
Wohnfläche 1. und 2. OG	125 m²
Nutzfläche im Untergeschoss	60 m²
Heizenergiebedarf (Nutzenergie)	40 kWh/m² a
Heizenergieverbrauch (Endenergie)	47,2 kWh/m² a

k-Werte		
	Dach	0,14 W/m² K
	Aussenwand	0,19 W/m² K
	Kellerdecke	0,26 W/m² K
	Fenster	1,3 W/m² K
	Transparente Wärmedämmung offen	0,69 W/m² K
	Transparente Wärmedämmung geschlossen	0,57 W/m² K

Beteiligte

Architektur: Michael Hölzenbein, Harry Ludszuweit, dipl. Ingenieure, Freie Architekten BDA, Heinrich-Burkard-Platz 20, D-78166 Donaueschingen.
Energiekonzept: Enersys, Gesellschaft für Energiesysteme, 78166 Donaueschingen.

Passive Solarnutzung auf
der Südseite der Häuserzeile mit Wintergarten und
transparenter Wärmedäm-
mung.
Fotos: Roland Sigwert

Energieflussdiagramm,
gemittelt über alle sechs
Häuser.

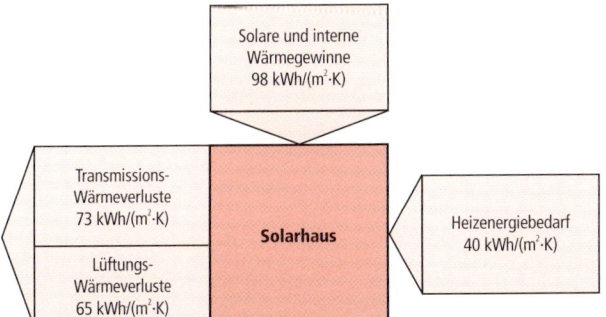

Solare und interne
Wärmegewinne
98 kWh/(m^2·K)

Transmissions-
Wärmeverluste
73 kWh/(m^2·K)

Solarhaus

Heizenergiebedarf
40 kWh/(m^2·K)

Lüftungs-
Wärmeverluste
65 kWh/(m^2·K)

Prototypen in Durbach-Ebersweier

Unter dem Namen "Övolution" weisen drei Prototypen im badischen Durbach-Ebersweier den Weg vom einzelnen Niedrigenergiehaus zur Bauweise des 21. Jahrhunderts. Der Freiburger Solararchitekt Rolf Disch hat ein architektonisches Konzept erarbeitet, das die Fertighaus-Firma WeberHaus in eine flexible Systembauweise umgesetzt hat, die mit verschiedenen Gebäudeformen und Gebäudegrössen individuellen Wünschen Rechnung tragen kann.

Im Rahmen eines Forschungsprojekts wurden im Herbst 1996 drei Wohneinheiten gebaut. Südseitig fangen die kompakten Häuser mit grossen Fenstern die Sonnenwärme ein, während die Fassade auf der Nordseite nur kleine Öffnungen aufweist. Die eine Hälfte eines Doppelhauses ist nach dem bei WeberHaus üblichen, bereits sehr guten Dämmstandard gebaut und dient quasi als Referenz. An diesen "konventionellen" Hausteil angebaut ist als zweite Doppelhaushälfte der Typ "Övolution", welcher den zukünftigen Fertighaus-Standard repräsentiert. Dank zusätzlicher Wärmedämmung (20 cm in Wänden und Dach) reduziert sich der Heizwärmebedarf auf 30 kWh/(m²·a). Zur Wassererwärmung hat jede Haushälfte eine Sonnenkollektoranlage mit 380-Liter-Speicher; geheizt wird mit Gas.

Fast ganz ohne fossile Energie kommt als drittes Objekt das Einzelhaus "ÖvolutionPlus" aus. Neuentwickelte Bauteilanschlüsse sorgen für eine praktisch wärme-brückenfreie und winddichte Gebäudehülle, so daß der Wärmeschutz nochmals verbessert werden konnte, auf 0,08 W/(m²·K) für die Wände und auf 0,09 W/(m²·K) für das Dach. Der verbleibende Heizwärmebedarf von 18 kWh/(m²·a) wird bei diesem Haus durch aktive Solartechnik abgedeckt. 40 m² Flachkollektoren heizen das Gebäude über einen Langzeitspeicher, und eine Photovoltaik-Anlage produziert den Strom für Haustechnik und Alltag. Mit diesen Solarmodulen, welche die Architektur prägen, erzeugt dieses Haus mehr Energie als es an Wärme und Strom verbraucht.

Über die eingesparte Energie hinaus folgen die WeberHäuser einem ökologisch ganzheitlichen Ansatz: Auch die Energiebilanz für Bauteile und Baustoffe wird optimiert, und zur Verwendung kommen gesundheits- und umweltverträgliche Materialien.

Während die Forschungsobjekte in einem dreijährigen Programm mit 300 Sensoren ausgemessen werden, hat WeberHaus erste Erkenntnisse bereits in die Praxis umgesetzt und präsentiert ein Övolutions-Programm mit fünf verschiedenen Basishäusern, die in Varianten erweitert werden können. Dank rationeller Vorfertigung werden die Häuser für einen breiten Kreis von Leuten erschwinglich. Als Trendsetter für umweltbewusstes Bauen und Wohnen erfüllen die Övolution-Häuser schon heute die Standards von morgen.

Sichtbare Solararchitektur: das ÖvolutionPlus-Haus in Durbach-Ebersweier.

Gebäudedaten	Övolution	ÖvolutionPlus
k-Werte:		
- Aussenwand	0,18 W/(m²·K)	0,08 W/(m²·K)
- Dach	0,18 W/(m²·K)	0,09 W/(m²·K)
- oberste Geschossdecke	0,18 W/(m²·K)	0,08 W/(m²·K)
- Kellerdecke	0,14 W/(m²·K)	0,11 W/(m²·K)
- Verglasung	1,20 W/(m²·K)	0,80 W/(m²·K)
g-Wert:		
- Verglasung	0,62	0,60
Wohnfläche	130 m²	150 m²
Umbautes Volumen	545 m³	533 m³
A/V-Verhältnis	0,65 m⁻¹	0,85 m⁻¹
Heizwärmebedarf n. WSVO	31 kWh/(m²·a)	18 kWh/(m²·a)*
*) durch aktive Solarenergienutzung geht der resultierende Heizenergieverbrauch auf 0 zurück.		

Die Gebäudedaten des Projektes Övolution

Beteiligte

Wärmeversorgung: Buderus Heiztechnik
Mineralwolle-Dämmstoffe: Grünzweig & Hartmann
Wärmedämmverglasung: VEGLA Vereinigte Glaswerke GmbH
Holzwerkstoffplatten: Kunz
Wissenschaftliche Begleitung: Fraunhofer-Institut für Bauphysik, Stuttgart

Gartensiedlung Lummerlund in Wiesbaden

Dass Wohnhäuser ohne Heizsystem gebaut werden können, demonstrieren die Anfang der neunziger Jahre realisierten Passivhäuser in Darmstadt-Kranichstein. Ging es damals um die technische Machbarkeit, treten heute die wirtschaftlichen Aspekte des Passivhauses in den Vordergrund. Auf einem ehemaligen Kasernengelände in Wiesbaden hat das Darmstädter Unternehmen Rasch & Partner 1997 die erste Passivsiedlung Deutschlands realisiert: Die 22 Reihenhäuser der 46 Gebäude umfassenden Gartensiedlung "Lummerlund" erreichen den entsprechenden Standard.

Mit charakteristischem Pultdach, das die Südfassade gegenüber der Nordfassade vergrössert, wenden sich die in Zeilen aneinandergebauten, architektonisch konsequent reduzierten Passivhäuser der Sonne und dem Garten zu. Auffallend ist eine Art Stahlgerüst, welches als optische Gliederung, Sichtschutz und zur Begrünung der Fassaden dient.

Die tragende Funktion übernehmen Geschossdecken und Haustrennwände aus vorgefertigten Betonelementen. Diese Konstruktion wird umfasst von hochwärmegedämmten Fassaden- und Dachelementen, welche komplett angeliefert und an wenigen Befestigungspunkten verankert wurden. Bei Minimierung des konstruktiven Holzanteiles zugunsten der Dämmung erreicht die Gebäudehülle k-Werte von 0,10 bis 0,14 W/(m²·K). Die Lüftungsanlage enthält einen Wärmetauscher, der sich durch einen Rückgewinnungsgrad von 80% (Werkangabe) und einen sehr geringen Stromverbrauch auszeichnet. Das kleine bisschen Restwärme plus Warmwasser bezieht die Siedlung aus dem Fernwärmenetz der Stadtwerke.

Zur Senkung der Baukosten trugen Serienproduktion und eine sehr kurze Bauzeit von nur zehn Wochen bei. Die Voraussetzungen dazu boten die exakte Planung sämtlicher Details vor Baubeginn, eine optimale Baulogistik mit Bildung von Teams aus Handwerkern, Ingenieuren und anderen Fachleuten sowie eine hohe Vorfertigungsrate, welche hohe Qualität und geringen Bedarf an Mängelbeseitigung mit sich brachte. So beweist die Siedlung in Wiesbaden, dass Passivhäuser heute sehr günstig gebaut werden können: Ein Mittelhaus mit rund 95 m² Wohnfläche kostet schlüsselfertig, ohne Grundstück, 254.000 DM.

Gebäudedaten

Baujahr	1997
Anzahl Passivhäuser (PH)	22
Niedrigenergiehäuser (NEH)	24
Beheizte Wohnfläche (insgesamt)	5'005 m²
Heizenergiebedarf	
(Nutzenergie) PH	15 kWh/m² a
NEH	40 kWh/m² a
k-Werte	0,10 bis 0,14 W/m² K

Beteiligte:

Architekt: Rasch + Partner, Stubenplatz 12, 64293 Darmstadt. Energiekonzept: Architekt in Zusammenarbeit mit Inplan in Pfungstadt.

Die Sonnen-
seite in der
Gartensied-
lung Lum-
merlund...

... und die
Nordfassade
der Passiv-
häuser mit
den Hausein-
gängen.

Die Sonnenstadt bei Genf

Die Mehrfamilienhäuser der „Sonnenstadt" in Plan-les-Ouates bei Genf gruppieren sich hufeisenförmig um die „Place des Aviateurs" – den Platz der Flieger. Von diesem Platz aus werden die Läden im Erdgeschoss und die Wohnungen in den vier Obergeschossen erschlossen; auf diesen Platz blicken die Bewohner von ihren Balkonen aus, und ihm neigen sich auch die schwarzen Sonnendächer zu.

Die Dachhaut, insgesamt nur 25 mm stark, besteht aus einer wasserabführenden Unterschicht und einer wasserdichten Aussenhaut, dem unverglasten Kollektor (entwickelt von Energie Solaire SA in Sierre, Südwestschweiz). Dieser Kollektor ist aus Edelstahlbändern gefertigt, die durch Zuschneiden, Tiefziehen und Widerstandsschweissen zu wasserdichten „Kissenabsorbern" werden. Die Wärmeträgerflüssigkeit zirkuliert zwischen zwei solchen Schichten aus Edelstahlblech, wobei die „Kissen" in Quadratform versetzt zueinander angeordnet und verschweisst sind. Eine Schwarzchromschicht verleiht dem unverglasten Kollektor einen Absorptionsgrad für Solarstrahlung von über 90%.

Der auch auf Einfamilienhäusern installierte Kollektortyp hat den Vorteil, dass er sich auch für gewölbte Dächer einsetzen lässt. Er ist garantiert regendicht und korrosionsbeständig (ersetzt also die äussere Dachhaut) und bringt im Vergleich zu verglasten Kollektoren zwar etwa ein Drittel weniger Ertrag, ist dafür aber dreimal billiger als diese: In Plan-les-Ouates beträgt der Gestehungspreis für die Sonnenwärme 15 Pfg. pro kWh.

70% des Warmwasserbedarfs und 20% des Heizwärmebedarfs lassen sich bei dieser Siedlung durch Sonnenenergie decken, die fehlende Wärme liefern zwei zentrale Gasheizkessel. Zum Gesamtkonzept gehört auch eine überdurchschnittlich gut gedämmte Gebäudehülle, wassersparende Armaturen in Küche und Bad, eine bedarfsabhängige Beleuchtungssteuerung sowie ein Lüftungssystem mit Erdregister für die Vorwärmung der Zuluft.

Gebäudedaten

Baujahr (erste Bauetappe)		1995
Wohnungen		82
Geschäfts- und Büroräume		2'000 m²
Energiebezugsfläche		10'720 m²
Bausumme		35 Mio. Fr.
davon Mehrkosten Energiekonzept		2 Mio. Fr.
k-Wert	Dach	0,15 W/m² K (Schaumglas-Dämmung)
k-Wert	Aussenwände	0,28 W/m² K (Mineralwolle-Dämmung)
k-Wert	Fenster	1,3 W/m² K
k-Wert	Boden	0,6 W/m² K
Installierte Leistung Heizung		400 kW
Fläche Sonnenkollektoren		1'400 m²
Solarer Ertrag		300 kWh/m² a
Wärmebedarf		1'100 MWh/a
Energiekennzahl Wärme		44 kWh/m² a
Energiekennzahl Elektro		25 kWh/m² a

Beteiligte

Bauherrschaft: Gemeinde Plan-les-Ouates, CH-1228 Plan-les-Ouates
Architektur: Koechlin-Mozer-Müller-Stucki, CH-1206 Genf
Energiekonzept: Erte, Georges Spoehrle, CH-1227 Carouge
Sonnenkollektoren: Energie Solaire SA, CH-3960 Sierre

Das Genfer Architekturbüro Koechlin-Mozer-Müller-Stucki und der Energieplaner Georges Spoehrle
haben bei der „Sonnenstadt" auch auf gestalterische Details und auf eine gelungene architektonische Integration der Technik viel Wert gelegt. Die
neuartigen, unverglasten Kollektoren (oben rechts)
ersetzen einen Teil der konventionellen Dachhaut
und verbilligen so die spezifischen Kosten für Sonnenenergie (Bilder Roger Chappellu).

Einfamilienhaus bei Thun

Ein gesundes Haus, gebaut aus natürlichen Materialien möglichst aus der Gegend, beheizt mit Strahlungswärme: das wünschte sich die Bauherrschaft. Das längliche Grundstück am Stadtrand von Thun im Berner Oberland liess nur einen derartigen Baukörper zu. Der Architekt Rudolf Schild stellte vor die schmale, dem Garten zugewandte Südfront einen zweistöckigen Wintergarten. Dieser wurde bewusst ins Energiekonzept eingebunden. Solar erwärmte Luft wird einem Geröllspeicher unter dem dunklen Schieferplattenboden zugeführt; den Strom für den dazu nötigen Ventilator liefert eine kleine Photovoltaikanlage auf dem Dach.

In die Zwischendecke des Wintergartens ist ein zweiter Wärmespeicher intergriert, ein Latentspeicher. Er besteht aus schwarzen Gummiröhren, gefüllt mit einem Speichermaterial aus Salzkristallen. Wenn diese Kristalle durch die Sonneneinstrahlung auf 25° C erwärmt werden, verflüssigen sie sich, und wenn abends die Temperatur wieder sinkt, wird die Lösung von neuem kristallin. Dabei wird im Verhältnis zum Volumen viel Wärme frei – willkommene Heizenergie.

Trotz der raffinierten Speichertechnik kommt allerdings nur ein kleiner Teil der Heizenergie via Wintergarten ins Haus. Als Hauptheizung dient ein zentraler, holzbefeuerter Kachelofen, der auch die Wärme für die Hypokaustenwände im Obergeschoss liefert.

Dem Wunsch nach natürlichen und heimischen Baumaterialien wurde der Architekt ebenfalls gerecht. Die Aussenwände sind aus Bimsstein aus dem Jura, das Fichtenholz für die unbehandelten Riemenböden stammt aus dem Berner Oberland, und eine Tonhourdisdecke, zusammengesetzt aus gewölbten, zwischen Holzbalken aufliegenden Tonhohlkörpern, trennt das Obergeschoss vom Untergeschoss. Darauf liegen Bodenplatten aus hellem Jurakalkstein. Die Innenwände sind mit weisser Naturfarbe lasiert. Ein besonderes Anliegen der Bauherrschaft war das Grasdach: „So kehrt das Stück grüne Erde, das wir wegnehmen, wieder zurück." Heute blühen auf dem leicht geneigten Giebeldach Felsenfetthenne, Hornklee und Kuckucksnelke.

Gebäudedaten

Baujahr:	1995
Raumangebot:	6 1/2 Zimmer
Gebäudevolumen:	1'222 m³
Kosten:	532 Fr./m³
Energiebezugsfläche EBF:	233 m²
Verhältnis Fensterfläche/	
Energiebezugsfläche A_f/EBF	27,5%
Heizenergiebedarf	51 kWh/m² a
Grenzwert für	
Heizenergiebedarf	74 kWh/m² a
k-Wert Aussenwände Holz	0,24 W/m² K
k-Wert Dach über Atelier	0,24 W/m² K

Beteiligte

Bauherrschaft: Renate und Niklaus Schärer, CH-3645 Gwatt
Architekt: Schild & Partner Architekten AG, CH-3855 Schwanden

Der kleine Wintergarten der Ostfassade (oberes Bild) lockt Licht ins Haus, der grosse Wintergarten der Südfassade (unten links) hilft heizen: Durch das Rohr mit Ventilator (unten rechts) wird Sonnenwärme in den Geröllspeicher unter dem Wintergartenboden geführt.

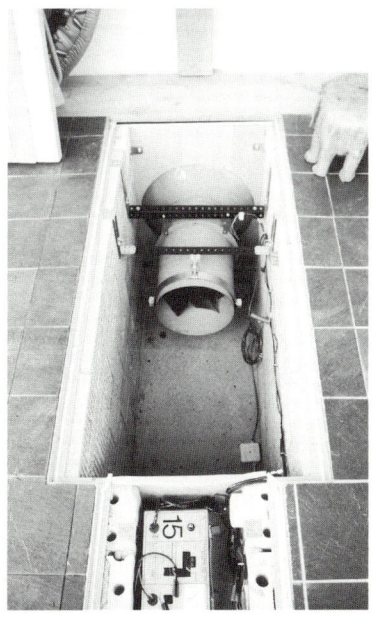

Nullheizenergiehäuser am Zürichsee

Fünf Doppeleinfamilienhäuser – zwei davon sind Nullheizenergie-Bauten – bilden die Siedlung Boller in Wädenswil, am Südufer des Zürichsees. Die Bauten sind sehr gut wärmegedämmt (eingesetzt wurden hauptsächlich Hartschaum-Dämmstoffe und Mineralwolle), und die Hülle ist luftdicht ausgeführt. Die Aussenwände haben eine Bautiefe von 36 cm. Die Lufterneuerung erfolgt über dezentrale Lüftungsgeräte, die jedoch nur während der Heizperiode in Betrieb sind. Vorgewärmt wird die Aussenluft über Erdregister.

Von den 62 m² jeder Südfassade sind 33 m² mit Sonnenkollektoren und 18 m² mit Hochisolationsfenstern bestückt – über 80% der Südfassade dienen also der aktiven oder passiven Sonnenenergienutzung. Der Aufbau des Kollektors ist ungewöhnlich: Der Absorber liegt auf einer 50 mm starken Schaumglas-Dämmung, die an der Gebäudewand befestigt ist. Auf der äusseren Seite ist der Absorber mit einer 100 mm starken Wabenschicht aus Polycarbonat bedeckt, also transparent gedämmt. Die transparente Wärmedämmung führt dazu, dass der in Wädenswil eingesetzte Kollektor in den fünf kältesten Monaten des Jahres 20% mehr Sonnenenergie erntet als ein einfacher Kollektor. Liegt die Einstrahlung zwischen 40 und 200 W/m², wird das solar erwärmte Wasser aus dem Kollektorkreislauf direkt durch die Niedertemperatur-Bodenheizung gepumpt. Ein 17,6 m³ fassender Wasserspeicher ermöglicht das Überbrücken mehrerer Schlechtwettertage mit Solarenergie; der zusätzliche Holzofen hat in den Nullheizenergiehäusern die Funktion einer Notheizung.

Während der Heizperiode wird in Wädenswil auch die Energie zurückgewonnen, die in normalen Häusern mit dem warmen Abwasser weggeht. Architekt Rudolf Fraefel und Energieplaner Ruedi Kriesi haben zu diesem Zweck eine Abwasser-Wärmerückgewinnungsanlage entworfen.

Gebäudedaten

Baujahr	1991
Anzahl Doppeleinfamilienhäuser	5
Energiebezugsfläche pro Familie	182 m²
Beheiztes Volumen	600 m³
Heizenergieverbrauch (Nullheizenergiehäuser)	2 kWh/m² a
k-Wert Wände nach Westen, Osten und Norden	0,16 W/m² K
k-Wert Kollektorwand	0,4 W/m² K
k-Wert Boden gegen Erdreich	0,25 W/m² K
k-Wert Dach	0,16 W/m² K
k-Wert Fenster	1,2 W/m² K
g-Wert Fenster	0,5 W/m² K

Beteiligte

Architekt: Ruedi Fraefel,
CH-8627 Grüningen
Energiekonzept: Dr. Ruedi Kriesi, Awel,
CH-8090 Zürich

Die Siedlung Boller in Wädenswil von Süden her.

Die Südseite eines der zwei Doppelfamilienhäuser. Die Kollektoren am Haus rechts waren während der Speichersanierung abgedeckt.

Das Lüftungsgerät ohne Abdeckungen. Die beiden hintereinandergeschalteten Wärmetauscher sind deutlich zu erkennen.

Umbau und Renovation eines Mehrfamilienhauses

Beim Sanieren ist der auf die Niedrigenergie-Bauweise spezialisierte Architekt in seinem Handlungsspielraum oft stark eingeschränkt. Dass trotzdem eine markante Reduktion des Energieverbrauchs möglich ist, zeigte Karl Viridén beim Umbau eines Zürcher 5-Famili-en-Hauses aus dem Jahr 1913. Er wollte nicht nur den Heizenergieverbrauch reduzie-ren, sondern hat auch alle Baubeteiligten dazu animiert, während der Umbauphase möglichst umweltschonend und überlegt vor-zugehen. Viele Wege und viel graue Energie liessen sich einsparen, weil nichts unbesehen auf die Abfallhalde kam; die Biberschwanz-ziegel beispielsweise wurden abgedeckt, ge-reinigt und neu verlegt, die Türrahmen, Tür-blätter und Radiatoren instandgesetzt und neu gestrichen, die alten Jalousieläden abge-laugt und mit Ölfarbe bemalt.

Kellerdecke, Dach und Aussenwände im neu ausgebauten Dachgeschoss wurden mit Zel-lulosedämmstoff gegen Wärmeverluste ge-schützt. Eine Aussendämmung der Jugend-stilfassade dagegen kam wegen des Denkmal-schutzes nicht in Frage. Umso mehr Gewicht legte der Architekt auf den Einsatz von sehr guten, dreifach verglasten Wärmeschutzfen-stern. Ausserdem boten die kleinen ehemali-gen Vorratskammern neben der Küche Platz für den Einbau von dezentralen Lüftungsge-räten. Messungen zeigten, dass die mechani-sche Belüftung mit Wärmerückgewinnung den Heizbedarf ebenso markant reduzierten, wie dies die Aussendämmung der Fassaden vermocht hätte.

Beheizt wird das Mehrfamilienhaus nach der Sanierung mit einer zentralen Wärmepum-penanlage. Sie verbraucht pro Familienwoh-nung 3.500 kWh Strom im Jahr, liefert auch das Warmwasser und bezieht ihre Energie zu zwei Dritteln aus zwei 150 m tiefen Erdwär-mesonden und zu einem Drittel aus dem Elektrizitätsnetz. Ein Teil des Haushalts-stroms wird von einer 14 m² grossen Photo-voltaikanlage auf dem Dach produziert. Be-wohnerinnen und Bewohner verbrauchen heute nur noch halb soviel Heizenergie wie vor der Sanierung, geniessen aber deutlich mehr Komfort.

Gebäudedaten

	vorher	nachher
Baujahr		1913
Renovation		1996
Anzahl Wohnungen		5
Heizenergiebedarf (Nutzenergie) in kWh/m² a	133	51
Energiebezugsfläche in m²	508	636
Energiekennzahl Wärme (Endenergie) in kWh/m² a	192	25*

*Elektrizität für die Wärmepumpe

Beteiligte

Bauherrschaft: Lars Viridén,
CH-8330 Pfäffikon
Architekt: Karl Viridén, CH-8050 Zürich
Planung Haustechnik: Dr. Eicher + Pauli AG,
CH-8006 Zürich

Oben: Das energetisch sanierte Mehrfamilienhaus in Zürich hat aussen nur wenig Veränderungen erfahren; einzig die Photovoltaikanlage auf dem Dach weist auf ein modernes Energiesystem hin.

Unten: Am meisten beigetragen zur Halbierung des Heizenergiebedarfs haben die neuen, dezentralen Lüftungsgeräte (links) und der Einbau von dreifach verglasten Fenstern mit einem Gesamt-k-Wert von 1,37 W/(m²·K).

Die wandelbare Living Box

Siedlung im Holzelementbau

Seinen Kunden pflegt Thomas Schnyder vom Basler Architekturbüro Architeam 4 als erstes ein paar Holzklötzchen in die Hand zu geben. Sie repräsentieren – entsprechend verkleinert – das Living-Box-Modul, das 3,6 auf 2,4 auf 2,55 m misst. Aus diesem Modul sind in der Schweiz bereits einige Einzelhäuser aufgebaut worden; bald sollen ganze Siedlungen hinzukommen. Der spielerische Umgang mit den Klötzchen ermöglicht es den künftigen Bewohnerinnen und Bewohnern, bei der Gestaltung ihrer Siedlung aktiv mit dabei zu sein.

In der Form einfach, im Platzbedarf bescheiden, in der Herstellung rationell, in Bau und Betrieb umweltschonend und im Laufe der Zeit wandelbar - das sind die Anforderungen, die Architekt Thomas Schnyder und Unternehmer Ruedi Walli (Ruwa Holzbau, CH-7240 Küblis) an ihre Living Box gestellt haben. Sie möchten damit der Zersiedelung und der Beliebigkeit heutiger Einfamilienhausquartiere entgegenwirken und aufgeschlossene Menschen zum gemeinsamen Planen, Bauen und Wohnen ermutigen.

Die Living Box muss sich also nicht nur der Topographie und der gebauten Umgebung, sondern auch ändernden Lebensbedingungen anpassen können, muss sich erweitern oder verkleinern lassen. Sie hat keine tragenden Wände; im Rohbau sieht das Modulhaus wie ein Büchergestell aus, das durch Spannkreuze stabilisiert wird. Die Raumaufteilung bleibt so flexibel. Die Aussenwände bestehen wahlweise aus dreifach verglasten Fensterelementen oder aus vorgefertigten Holzelementen, versehen mit einer 20 cm starken Zellulose-Dämmschicht. Alles Massivholz - auch für den Innenausbau - stammt aus Wäldern in der Nähe des Holzbaubetriebes; die fertigen Elemente werden per Bahn vor Ort transportiert.

Die Living Box erfüllt den Niedrigenergie-Standard. In die Nordfassaden eingeplante Installationszonen lassen sich schrittweise ausbauen. Solange sie nicht benötigt werden und die Schächte offen sind, werden sie als Schränke oder Büchergestelle genutzt. Für die spätere Montage von Solaranlagen oder Wärmerückgewinnungssystemen ist somit alles vorbereitet.

Mit dem modularen Baukastensystem „Living Box" lassen sich die Forderungen nach rationeller Vorfertigung, ökologischer Bauweise und Flexibilität erfüllen. Der Innenausbau wird auf die spezifischen Wünsche der Bewohnerinnen und Bewohner abgestimmt (Bilder Museum für Gestaltung Zürich, Betty Fleck).

Gebäudedaten:

Baujahr		1998
Nettowohnfläche		146,9 m²
Kosten per m³ (SIA 116)		703 Fr.
Energiebezugsfläche		156,4 m²
Endenergieverbrauch Heizung und Warmwasser		45 kWh/m² a
k-Wert	Aussenwände	0,2 W/m² a
k-Wert	Fenster	0,7 W/m² a
k-Wert	Dach	0,2 W/m² a

Beteiligte

Architekt: Architeam 4, Thomas Schnyder,
CH-4001 Basel
Holzbau: Ruwa Holzbau, R. Walli und Co.,
CH-7240 Küblis

Stichwortverzeichnis

A/V-Verhältnis 20
Abgaswärmerückgewinnung 106
Abluft 44, 106
Abluftöffnung 44
Abnahme 64
Abstandhalter 52
Abwärme 22, 106, 118
Abwasser 96, 118
Algenbefall 40
Altbau 10
Aluminium 62
Amortisationskosten 88
Architekt 26
Argon 53
Armaturen 94
Ausführung 64
Auskragende Baukörper 58, 76
Aussendämmung 40
Aussenecke 56
Aussenluftrate 86
Aussenputz 40
Aussenwand 40, 42, 58
Aussenwandkonstruktionen 42

Balken 65
Balkon 36, 76
Bauernhaus 68
Baukastensystem 122
Baumaterialien 32, 46, 74
Baumwolledämmung 102
Baupappe 44, 60
Baurecht 102
Baustelle 64
Baustoffe 32, 46, 74
Bauteilfuge 60
Bauteilverfahren 20
Bauzeit 112
Behaglichkeit 8, 82
beheizte Wohnfläche 16
Berechnungsverfahren 22
Beschattung 50, 76
Beton 32, 56
Beton-Flachdach 45
Betondecke 36
Betonelemente 112
Betriebskosten 86
Biberschwanzziegel 120
Bilanzverfahren 20
Binder 65
biogene Dämmstoffe 32

Bitumen 44
Blendrahmen 52, 64
Blendschutz 76
Boden 48
Bodenheizung 92
Briefkasten 56
Bruttofläche 22
Bürogebäude 100

CO_2 8, 90
CO_2-Minderungspotential 8

Dach 44
Dachfenster 44
Dachsparren 56
Dachstuhl 64
Dachüberstand 76
Dämmstandard 24
Dämmstoffe 46
Dampfbremse 44, 64
Denkmalschutz 120
Detailplanung 26
Dichtheit 62
Diffusion 44
Direktgewinn 72
Direktgewinn d. Südfenster 72
Doppelhaus 110, 118
Durchdringung 64
Durchflussmengenbegrenzer 94
Duschbrause 94

Einfamilienhaus 116
Einhebelmischer 94
einschalige Konstruktionen 40
Elektrizität 65, 91
Elektro-Installation 65
Endenergie 10
Energie 82
Energiebilanz 28
Energiekonzept 26
Energiemanagement 102
Energiesparende Geräte 25
Erdberührte Bauteile 48 ff.
Erdgeschossboden 48
Erdhügelhäuser 108
Erdregister 84, 100, 114
Erdsonden 91
Erhöhte Stufe 86
Erneuerbare Energie 96
ETV-Werte 86

Experimentierhaus 14

Fehler 64
Fenster 52, 64, 74
Fensterlaibung 58
Fenstermontage 64
Fertighaus 110
Feuchteschaden 60
Feuchtigkeit 36
Filterung der Aussenluft 80
Flachdach 45
Flügelrahmen 64
Formaldehyd 32

g-Wert 53
Gas 90
Gasheizkessel 114
Gebäudeecke 56
geneigte Dächer 47
Geröllspeicher 116
gesundes Haus 116
Gesundheit 32, 82
Gipsfaserbeplankung 102
Gipskartonplatten 60, 62
Gipsputz 60
Glasrandverbund 64
Grasdach 116
Grenzwert 20, 22
Grobplanung 26
Grundlüftung 86

Handwerker 64
Hausanschluss 88
Hausform 56
Haushaltsgeräte 18, 25
Heizenergie-Kennzahl 16
Heizenergieverbrauch 10
Heizleistung 88
Heizöl 90
Heizperiode 88
Heizsystem 88
Heizungsunterstützung 80
Hessen 16
Hilfsenergieverbrauch 86
hinterlüftete Fassade 40, 65
Holz 40, 106
Holzbau 30, 56, 60, 108, 122
Holzbau-Flachdach 45
Holzblockbau 108
Holzelementbau 122

Holzfaser 32, 102
Holzheizung 88
Holzleichtbau 60, 106
Holzofen 88, 118
Holzpellets 88, 90
Holzrahmen 100
Holzständer 56
Holzvergaser-Kessel 100
Holzwerkstoffplatte 60
homogene Massivwand 40
Hypokaustenheizung 92, 116

Impulsprogramm 16
Installationsleitungen 62
integrierte Planung 26
integrierter Sonnenschutz 54
Investitionskosten 16, 86

Jahresarbeitszahl 91
Jalousieladen 120
Jalousien 76, 120
Jugendstilfassade 120

Kachelofen 116
Kalksandstein 32, 56
Kaltdach 47
Kaltluft 60
Kamin 44
Kanalnetz 65
Kastenfenster 68
Keller 48
Kellerdecke 58
Kerndämmung 40
Kesselleistung 88
Kittfuge 64
Kleber 65
Klima 22, 70, 72
Klimaanlage 84
Klinker 56
Kokosfaser 32
Kollektor 114
Komfort 82
Kondenswasser 40, 56
konstruktive Wärmebrücke 56
Kontrollierte Lüftung 80, 83 ff.
Konzept 24
Kork 32
Kosten 50
Krypton 52, 53
Kunststoff 44

Lamellen 77
Lecks in der Bauhülle 61
Lehm-Massivbauweise 102
Lehmputz 102
Leichtbau 30, 32, 40, 56
Leichtbau-Flachdach 45
Leichtbaukonstruktionen 40
Licht 50, 72
Lichtdurchlass 50
Lösungsmittel 32
Luft als Wärmeträger 92
Luft-Wasser-Wärmepumpe 91
Luftansaugrohr 84
Luftdichtheit 44, 60, 62ff., 102
Luftdichtheitsschicht 44, 64
Luftführung 80, 84, 86
Luftheizung 92
Luftkollektor 12
Luftleck 65
Luftmenge 80
Lüftungsanlage 84, 86, 108, 112
Lüftungsgerät 83, 84
Lüftungskanal 65, 84
Lüftungswärmeverlust 22, 80
Luftwechselrate 62

Markise 76
Massivbau 30, 40, 50, 56, 60
Massivholz 32, 122
Materialien 26, 32, 46, 74
Mauerleibung 64
Mauerwerk 65
mechanische Abluftanlage 106
mechanische Lüftung 28, 72,
    120
Mehrfamilienhaus 114, 120
Mehrkosten 10
Metall 56
Mineralwolle 32
Minergie 18
Mobilität 11
Morgensonne 70
Mörtel 65

Nachströmöffnung 106
Nachtabsenkung 70
Nassräume 83
Naturharzdispersionsanstrich
    102
Naturkontakt 72

Netto-Nutzfläche 22
Niedertemperaturheizung 118
Niedrigenergie-Standard 20
Nordfassade 112
Normallüftung 86
Notheizung 118
Nullenergiehäuser 10, 118
Nutzenergie 10

Oberflächentemperatur 9
Öko-Bau 18
ökologische Bauweise 118, 122
ökologische Materialwahl 102
Ökosiedlung 108
Orientierung 70
Övolution 110

Parkettboden 102
passive Sonnenenergienutzung
    26, 68, 70
Passivgewinne 26
Passivhaus 16, 28, 112
Pfetten 44
Pfosten 32, 43
Pfosten-Riegel-System 32, 43
Photovoltaikanlage 110, 116,
    120
Planung 64, 102
Planungsrecht 102
Polyethylenfolie 60, 62
Polymerbitumen 44
Polystyrol 32
Polyurethan 32
Porenbeton 32
Primärenergieaufwand 32
Pultdach 112

Radiatoren 93, 120
Randverbundsystem 52
Raumtemperatur 9
Regenwassernutzung 104, 106
Reihenhäuser 65
Rezyklierbarkeit 32
Riegel 32, 43
Rissbildung 40
Rohdichte 34
Rolladenkasten 56, 58, 106
Rückbaubarkeit 32

Salzkristalle 116

Sanitärinstallation 60
Schallbrücke 64
Schalldämmung 34, 65
Schallschutz 65
Schaumglas 32
Schiefereindeckung 104
Schimmelbefall 56
Schrägdach 47
Sensor 110
Sockelbereich 58
Solaranlage 96, 104
Solararchitektur 68
solare Strahlungsgewinne 22
solare Wassererwärmung 96
Solarenergie 34, 91
Solarhaus 70
Solarstrahlung 68, 74
sommerlicher Wärmeschutz 76
Sonnendach 114
Sonneneinstrahlung 22
Sonnenenergienutzung 34, 68
Sonnenkollektor 50, 72, 100,
    108, 114, 118
Sonnenschutz 69, 100
Sparren 44, 65
Speicherfähigkeit 34
Speichermasse 30
Speicherprozess 74
Speicherwirkung von Bauteilen
    74
Sperrholzplatte 32
spezifische Gewicht 34
Stahlkonstruktion 108
Ständer 65
Strahlungsgewinn 24
Strahlungswärme 116
Stückholz 91
Südfassade 50, 112
Südfenster 68, 76

Tauwasser 60
Telefonieeffekt 65
Temperaturniveau 25
Thermostatbatterie 94
Toilettenspülung 106
Tradition 104
Transmissionswärmeverlust 22,
    36, 80
transparente Wärmedämmung
    50, 68
Treppe 36
Türrahmen 86
Türsturz 86
TWD-Wandkonstruktion 50

Überhitzung 50, 76
Überströmöffnung 86
Umwelttest 46
Undichtigkeit 36

Vakuum-Röhrenkollektor 14
Ventilator 106
Verbunddecke 30
Verglasung 52, 64
Verluste 23
Verrutschte Dämmschicht 58
Verschattung 50, 76
vorgehängte Fassade 43, 65

Warmdach 47
Wärmespeicherfähigkeit 30
Wärmeabgabe 93
Wärmebrücken 36, 38, 48, 56,
    58, 64, 65
Wärmedämmung 28, 37 ff.
Wärmedämmung v. Bauteilen zu
    unbeheizten Räumen 37
Wärmedämmverbundsysteme
    50

Wärmedurchgangskoeffizient
    34
Wärmeerzeugung 88, 90
Wärmelecks 36
Wärmeleitfähigkeit 34, 36, 74
Wärmepumpe 14, 91, 102, 120
Wärmerückgewinnung 28, 60,
    80, 84, 96, 100, 106, 108,
    118, 120
Wärmeschutzverglasung 28,
    52, 64, 70, 106
Wärmeschutzverordnung 16
Wärmespeichermasse 69
Wärmespeicherwand 12
Wärmetauscher 86
Wärmeverlust 80
Warmwasser 80, 94
Warmwasserverbrauch 95
Wasserdampf 44
Wassererwärmung 80, 88, 91,
    96
wassersparende Armaturen 114
Weber-Haus 110
Wintergarten 68, 72, 108, 116
Wirtschaftlichkeit 28, 82
Wohngebäude 100
Wohnqualität 8, 72
Wohnsiedlung 106
Wohnungslüftung 91

Xenon 53

Zellulosedämmstoff 32, 100,
    102
Ziegel 32
Zimmerleute 64
zweischaliges Mauerwerk 40,
    43

Weitere Bücher im öko buch Verlag

Gottfried Haefele, Wolfgang Oed, Ludwig Sabel

Hauserneuerung

Instandsetzen - Renovieren - Modernisieren: eine Anleitung zur Selbsthilfe. Das Buch beschreibt ausführlich den behutsamen, handwerklich sachgerechten und umweltverträglichen Umgang mit alter Bausubstanz.
237 S., 200 Abb., 21 x 21 cm , 1996   49,80 DM

Holger König

Wege zum gesunden Bauen

Richtige Baustoffwahl, geeignete Baukonstruktionen mit Eigenschaften und Anwendungsbereichen, Beispiele ausgeführter Häuser, Baunormen, Bauphysik, Preise u. Bezugsquellen. 264 S. m.v. Abb., 21 x 21cm geb., Neuaufl. 1997 49,80 DM

Othmar Humm

NiedrigEnergieHäuser

Theorie und Praxis. Von planerischen Konzepten über Baukonstruktionen, neue Produkte und energietechnische Maßnahmen wird gezeigt, wie moderne Niedrigenergiehäuser geplant u.gebaut werden. 294 S., m.v. Abb., 1997   58,- DM

Heinz Ladener, Hrsg.

Vom Altbau zum Niedrigenergiehaus

Energietechnische Gebäudesanierung in der Praxis: Nachträglichen Wärmedämmung der Gebäudehülle, Fenstererneuerung, Sanierung der Haustechnik mit Lüftung Heizung, Sanitär und Elektro. 294 S. m.v.Abb., 1998   49,80 DM

Christopher Day

Bauen für die Seele

Architektur im Einklag mit Mensch und Natur. Eine Anleitung zu einer bewußteren Wahrnehmung der gebauten Umwelt. 189 S.m.v. Abb., 21x21cm, 1996   39,80 DM

Anne-Louise Huber, Thomas Kleespies, Petra Schmidt

Neues Bauen mit Lehm

Konstruktionen und gebaute Objekte: Wärmeschutz, Feuchteverhalten und Ökobilanzen von Lehmbaustoffen; Katalog mit empfehlenswerten Wand-, Decken- und Dachaufbauten; Beispiele von neuen Lehmhäusern. 106 S., 1997   39,80 DM

Edgar Haupt

Wintergärten - Anspruch und Wirklichkeit

Ausführliche, praxisnahe Anleitung für Planung und Bau von Wintergärten: Raumklima, Konstruktionen, Materialien, Verglasungs- u. Klimatisierungssysteme, Bauschäden, Hinweise f.d. Bepflanzung. 1996, 176 S.m.v. Abb., 21x21cm 39,80 DM

Heinz Ladener

Solare Stromversorgung

Grundlagen und Planungswissen für den Bau solarer Stromversorgungsanlagen: Solarpanele, Akkus, Schaltungstechnik, energiesparende Haushaltsgeräte, Beispiele und Erfahrungen. 285 S. m.v. Abb., 21 x 21 cm, 1995   48,- DM

Klaus Bahlo, Gerd Wach

Naturnahe Abwasserreinigung

Planung und Bau von Planzenkläranlagen. Ratgeber für Grundstücksbesitzer und Planer, die häusliche Abwässer landschaftsbezogen entsorgen möchten, über Planung, Bau, Betrieb und Wartung. 137 S. m.v.Abb., 20 x 21 cm, 1992   29,80 DM

Claudia Lorenz-Ladener

Naturkeller

Grundlagen und praktische Anlagen für Planung und Bau von naturgekühlten Lagerräumen im Haus oder Freiland. 140 S. m.v.Abb., 20 x 21 cm, 1990   29,80 DM

Öko-Institut e.V., Hrsg.

Thermische Solaranlagen – Marktübersicht

Einführung in Funktion und Einsatzgebiete von Solaranlagen; firmenneutrale Übersicht über Produkte, Preise und Dienstleistungen von über 80 Herstellerfirmen und 200 Solarfachbetrieben; Zusammenstellung der Förderprogramme von Bund und Ländern. 308 S. mit vielen Abb., A5, 1997   29,80 DM

Peter Weissenfeld

Holzschutz ohne Gift?

Holzschutz u. Holzoberflächenbehandlung in der Praxis mit vielen Anleitungen u. Rezepten für alle, die in Haus und Hof selbst zum Pinsel greifen. 7. überarbeitete Aufl. 1988, 141 S. mit Abb. DIN A5 br.   19,80 DM

Karl-Heinz Böse

Regenwasser für Garten und Haus

Planung und Bau von Regenwassersammelanlagen nach dem Stand der Technik: Bemessung, Genehmigung, Speichertanks, Pumpen, Rohrleitungen und Zubehör. 109 S. m. v. Abb. A5, 1998   19,90 DM

Klaus W. König

Regenwasser in der Architektur

Praxisorientiertes Handbuch über Planung, Bau und Betrieb von Regenwassernutzungsanlagen, sowie über Praxis und Gestaltung der Regenwasserversickerung im Untergrund und der Verdunstung am Gründach. 236 S., 21x21cm, 1996   56,- DM

Hans-P. Ebert

Heizen mit Holz

Ein umfassender Ratgeber über Holzeinkauf, Zurichten des Waldholzes, Lagerung und Trocknung, Anforderungen an Feuerstelle und Schornstein, verschiedene Ofentypen u. ihre Einsatzbereiche. 132 S. m.v.Abb., 6. überarb. Aufl. 1997   19,80 DM

Martin Werdich

Stirling - Maschinen

Grundlagen u. Technik von Stirling-Maschinen, Überblick über erprobte Motorkonzepte und ihre Vor- und Nachteile. Ausführliches Hersteller- u. Literaturverzeichnis sowie Bauplan für ein Funktionsmodell. 128 S. m.v.Abb., A5, 1991   29,80 DM

Heinz Schulz

Kleine Windkraftanlagen

Technik, Erfahrungen, Meßergebnisse: Detaillierter Überblick über käufliche Windkraftanlagen bis 1 kW Leistung zur Stromerzeugung und zum Wasserpumpen. Mit Leistungsdaten und Preisen! 110 S. m. v. Abb., 20 x 21 cm, 1993   24,80 DM

Preisstand: 1.11. 1998   Unsere Bücher erhalten Sie in allen Buchhandlungen!

In unserer *Versandbuchhandlung* haben wir über 300 Titel auf Lager, die Sie direkt bei uns bestellen können, und zwar zu folgenden Themen: Solararchitektur - Bauen & Selbstbau - Nutzung von Sonnen-, Wind- und Wasserkraft - Bioenergie - Energiekonzepte - Land- und Gartenbau - Tierhaltung - gesunde Küche - und vieles mehr ....
Fordern Sie einfach die große Buchliste an:

ökobuch Verlag GmbH
Postfach 1126   79216 Staufen